Sousso Kelouwani

Contrôle collaboratif entre pilote humain et module semi-autonome

AF279923

Sousso Kelouwani

Contrôle collaboratif entre pilote humain et module semi-autonome

Quand l'homme et la machine collaborent efficacement pour exécuter des missions difficiles

Presses Académiques Francophones

Impressum / Mentions légales

Bibliografische Information der Deutschen Nationalbibliothek: Die Deutsche Nationalbibliothek verzeichnet diese Publikation in der Deutschen Nationalbibliografie; detaillierte bibliografische Daten sind im Internet über http://dnb.d-nb.de abrufbar.
Alle in diesem Buch genannten Marken und Produktnamen unterliegen warenzeichen-, marken- oder patentrechtlichem Schutz bzw. sind Warenzeichen oder eingetragene Warenzeichen der jeweiligen Inhaber. Die Wiedergabe von Marken, Produktnamen, Gebrauchsnamen, Handelsnamen, Warenbezeichnungen u.s.w. in diesem Werk berechtigt auch ohne besondere Kennzeichnung nicht zu der Annahme, dass solche Namen im Sinne der Warenzeichen- und Markenschutzgesetzgebung als frei zu betrachten wären und daher von jedermann benutzt werden dürften.

Information bibliographique publiée par la Deutsche Nationalbibliothek: La Deutsche Nationalbibliothek inscrit cette publication à la Deutsche Nationalbibliografie; des données bibliographiques détaillées sont disponibles sur internet à l'adresse http://dnb.d-nb.de.
Toutes marques et noms de produits mentionnés dans ce livre demeurent sous la protection des marques, des marques déposées et des brevets, et sont des marques ou des marques déposées de leurs détenteurs respectifs. L'utilisation des marques, noms de produits, noms communs, noms commerciaux, descriptions de produits, etc, même sans qu'ils soient mentionnés de façon particulière dans ce livre ne signifie en aucune façon que ces noms peuvent être utilisés sans restriction à l'égard de la législation pour la protection des marques et des marques déposées et pourraient donc être utilisés par quiconque.

Coverbild / Photo de couverture: www.ingimage.com

Verlag / Editeur:
Presses Académiques Francophones
ist ein Imprint der / est une marque déposée de
OmniScriptum GmbH & Co. KG
Heinrich-Böcking-Str. 6-8, 66121 Saarbrücken, Deutschland / Allemagne
Email: info@presses-academiques.com

Herstellung: siehe letzte Seite /
Impression: voir la dernière page
ISBN: 978-3-8381-4570-9

Zugl. / Agréé par: Montréal, École Polytechnique, décembre 2010

À mon épouse Marie-Claude Bluteau,
À la famille Kelouwani,
merci pour votre support.

Remerciements

Les résultats de cette thèse sont le fruit d'une collaboration étroite et fructueuse avec mon directeur de recherche, M. Paul Cohen. Je tiens à lui dire en premier lieu un grand merci pour son soutien et pour avoir généreusement partagé son talent, son énergie et son expérience en recherche. Je remercie également le Conseil de Recherches en Sciences Naturelles et en Génie (CRSNG) pour son soutien financier pendant mes études doctorales.

Toute ma gratitude aux professeurs Richard Gourdeau et Joelle Pineau pour leurs précieux conseils lors de mon examen prédoctoral. Mes remerciements vont aux professeurs Frédéric Lesage et Robert Laganière pour avoir accepté d'être membres de jury de cette thèse.

Je remercie tous les membres du Groupe de Recherche en Perception et Robotique qui à divers niveaux m'ont épaulé et aidé dans la réalisation de ma thèse. Un merci spécial à Patrice Boucher, Hai Nguyen, Patrick Mutchmore, Simon St-Pierre et Charles Gervais-Dumont pour leurs contributions appréciées dans la réalisation des divers modules robotiques. Merci aussi à Christian Ouellette et Bassel Shaer pour leurs participations volontaires aux différents tests de validation expérimentale.

Merci également à M. Kodjo Agbossou (professeur à l'UQTR), à l'Association des Étudiants des Cycles Supérieurs de Polytechnique et à la direction du département de génie électrique pour leurs soutiens à divers niveaux pendant mes études.

Un grand merci à Marie-Claude Bluteau qui m'a apporté son support sans faille tout le long de mon projet doctoral.

Résumé

L'intervention d'un pilote humain dans le processus de contrôle d'une plate-forme mobile par un module semi-autonome de navigation pose le problème complexe de partage de contrôle. Ce problème est d'autant plus difficile à résoudre lorsque le module semi-autonome et le pilote ne partagent pas les mêmes ensembles d'observations et ne réagissent pas de la même manière devant un contexte de dangers. Le but de cette thèse est de développer une approche de contrôle collaboratif entre un pilote humain et un module semi-autonome de navigation ayant chacun différents systèmes de perception de danger et différentes manières d'action face au danger.

En considérant que le module semi-autonome assiste le pilote dans ses manoeuvres de navigation, nous proposons une approche de contrôle collaboratif basée sur l'estimation de l'aptitude du pilote et comportant deux modules principaux : un module semi-autonome intégrant directement les signaux de contrôle du pilote et un module de délibération basé sur l'estimation de l'entropie comportementale du pilote.

Le module semi-autonome utilise une version modifiée de l'approche d'évitement de dangers basée sur la méthode des champs de potentiels artificiels. La modification introduite vise à réduire les effets négatifs de la version classique sur le système de navigation collaboratif. En effet, la méthode classique d'évitement de dangers basée sur l'approche des champs de potentiel artificiel produit souvent des mouvements oscillatoires lorsque l'espace de navigation est contraint. Par ailleurs, cette méthode peut engendrer des directions de déplacements éloignées de celles désirées par le pilote. Ce qui n'est pas souhaitable. La méthode de champ de potentiel directionnel présentée dans cette thèse consiste à pondérer la force artificielle répulsive d'un danger en fonction de sa position géométrique par rapport à la direction du mouvement de la plate-forme avant de l'intégrer dans le calcul de la force répulsive artificielle résultante de tous les dangers immédiats. Comme la direction du mouvement provient des observations des signaux de contrôle du pilote, cette méthode privilégie essentiellement les dangers qui entravent directement le mouvement de la plate-forme. Cependant, l'utilisation de la méthode de champs de potentiel directionnel augmente la fréquence du problème de minimum local. La présence d'un minium local conduit la plate-forme à s'immobiliser en dépit du désir de mouvement voulu par le pilote. Nous avons donc introduit le concept d'arc réflexe mécanique comme étant une association entre un contexte de navigation (ensemble de mesures de proximité de dangers) et les signaux de contrôle du pilote. Un nouvel algorithme de construction en ligne d'une bibliothèque d'arcs réflexes mécaniques est proposé, implémenté et validé. Le contexte de dangers présent lors d'une impasse est utilisé pour rechercher un contexte similaire dans la bibliothèque. Les expérimentations effectuées en laboratoire ont démontré que l'approche de champ potentiel directionnel combinée à l'utilisation de la bibliothèque des arcs réflexes mécaniques permet une réduction des temps morts dus aux impasses et produit un mouvement fluide et sécuritaire dans un environnement contraint.

L'assistance du module semi-autonome n'est effective qu'en tenant compte de l'aptitude du pilote. En définissant l'aptitude comme étant la capacité à l'évitement de dangers, nous démontrons que son évaluation est liée à celle de la charge de travail. Nous proposons alors le concept d'estimation de l'entropie comportementale du pilote. Cette méthode présente l'avantage de produire une estimation sans dispositifs de mesures additionnels. À l'aide de cette estimation, nous proposons un schéma de délibération résolvant le problème de contrôle collaboratif. L'analyse de l'approche de délibération montre qu'elle est efficace en terme de rapidité de calcul et qu'elle couvre les situations de dangers faisant l'objet de cette thèse.

Les résultats de tests de tous les systèmes développés suggèrent que l'intervention du module semi-autonome dans le processus de contrôle collaboratif n'engendre pas de perturbations non désirables de la dynamique de la plate-forme. Dans la majorité des cas, le pilote n'est pas en mesure de dire exactement la période pendant laquelle, il perçoit que le module semi-autonome l'assiste dans l'exécution de ses manoeuvres. La compilation du nombre de collisions montre que le mode collaboration est plus sécuritaire que le mode manuel. Par ailleurs, un des points novateurs du système de contrôle collaboratif présenté dans cette thèse est l'émergence de nouveaux comportements dynamiques de la plate-forme sous l'action combinée du pilote et du module semi-autonome.

La principale contribution originale à la recherche est l'élaboration d'une approche de contrôle collaboratif d'une plate-forme mobile basée sur l'estimation de l'aptitude du pilote humain. Les autres contributions novatrices sont :

1. l'élaboration d'un algorithme d'agrégation en ligne des exemplaires qui ne requièrent ni la connaissance préalable du nombre de classes, ni celle du nombre d'exemplaires à traiter. Cette méthode peut être utilisée dans des applications d'agrégations requérant le minimum possible de supervision de la part d'un opérateur. Dans le domaine du contrôle non linéaire, la méthode proposée peut être utilisée pour identifier les paramètres dynamiques d'un actionneur (pôles, retards, délais, etc.) ;

2. la mise en évidence théorique et pratique d'une mesure permettant de caractériser l'aptitude d'un pilote dans un contexte de navigation en environnement contraint. Cette mesure, basée sur l'estimation en temps-réel de l'entropie de la séquence représentant la dangerosité des signaux de contrôle du pilote, s'appelle entropie comportementale ;

3. la mise au point d'un schéma de délibération efficace et rapide qui permet au système formé par le pilote et le module semi-autonome de naviguer sécuritairement en environ-

nement contraint. Cette méthode ne requiert aucun échange de messages directs entre le pilote et le module semi-autonome. Elle possède aussi l'avantage de permettre un mouvement fluide exploitant à la fois les capacités de perception du pilote humain et de celles du module semi-autonome.

Les domaines d'application du système proposé sont nombreux : le contrôle assisté de véhicules motorisés (fauteuil roulant motorisé, véhicule routier, véhicules d'exploration terrestre, marine et spatiale, etc.), la téléopération de plate-forme mobile, la télémanipulation de bras robotiques et le guidage sécuritaire d'instruments robotiques chirurgicaux.

Abstract

The intervention of a human agent when a semi-autonomous navigation module is driving a mobile platform raises the shared control problem. This problem is especially complex when the semi-autonomous module and the human agent do not have the same perception system and do not avoid imminent dangers in the same way. The aim of this thesis is to develop a collaborative control approach between a human agent and a semi-autonomous navigation module by considering that the agents have different perception systems and different ways to avoid dangers.

By considering that the semi-autonomous navigation module helps the human agent during its navigation maneuvers, we propose a collaborative control approach based on an estimation of the human agent ability. The system consists of two main modules: a semi-autonomous navigation module which allows the direct integration of the human agent control signals and a deliberative module based on the estimation of the behavioral entropy of the human agent.

The semi-autonomous navigation module uses a modified version of the well-known artificial potential field danger avoidance approach. This modification aims at reducing the negative effects of the classical version on the collaborative navigation system. Indeed, the classical method often produces oscillations when the navigation space is cluttered. Moreover, it may produce motion directions far from those desired by the human agent. The method of directional potential field proposed in this thesis consists in weighting the artificial repulsive force of a danger based on its geometrical position relative to the platform motion direction. As this motion direction is derived from the sequence of the human agent control signals, the directional potential field method focuses mainly on dangers that directly interfere with the platform movement. However, the use of the proposed danger avoidance method increases the occurrence of the local minimum problem. The presence of a local minimum leads the platform to stop, despite the desire of movement of the human agent. We have therefore, introduced the concept of the mechanical reflex arc defined as the association between a danger context and the human agent control signals. A new algorithm for online clustering of the mechanical reflex arcs is proposed, implemented and validated. When a motion deadlock occurs, the involved danger context is used to find a similar context in the set of available mechanical reflex arcs. The experiments in the laboratory have shown that the directional potential field approach combined with the use of the set of mechanical reflex arcs reduces the downtime due to motion deadlocks and produces a smooth and safe motion in a constrained environment.

The semi-autonomous navigation module support is effective if the human agent ability to avoid perceived dangers is taken into account. We show that this ability evaluation is linked to the human agent workload. We propose the concept of behavioral entropy estimation as a measure of this ability. This measure has the advantage of producing an instantaneous estimate without additional measurement devices. Using this estimate, we propose a deliberative scheme that solves the collaborative control problem. The analysis of this deliberative approach shows that it is effective in terms of speed of computation, and it covers the contexts of danger involved in this thesis.

The test results of the whole system suggest that the intervention of the semi-autonomous module when the human agent is navigating does not cause significant interference to the platform dynamics. Usually, the human agent is unable to say precisely the period during which he perceives that the semi-autonomous module helps in the execution of its navigation tasks. The compilation of the number of collisions shows that the collaborative mode is safer than the manual mode. In addition, the proposed collaborative control system allows the emergence of new platform dynamic behaviors such as the wall following and the doorway traversal.

The thesis main contribution to research is the design of a mobile platform collaborative control approach based on the instantaneous estimation the human agent ability. This approach extends the human agent ability to avoid dangers in a constrained navigation environment. The other innovative contributions are:

1. the development of a new deliberative scheme that is effective and fast and that allows both agents to safely navigate in constrained environments. This method does not require a direct exchange of messages between the human agent and the semi-autonomous navigation module. In addition, the deliberative scheme provides a smooth motion that takes advantage of the two agents perception system strengths;

2. the theoretical and the practical characterization of the ability of a human agent during the navigation in constrained environments. This measure, based on the real-time estimation of the human agent control signals safetiness entropy is called behavioral entropy;

3. the development of an algorithm for the inline clustering, which does not require the prior knowledge of the number of classes and the number of instances. This method can be useful in clustering applications requiring a minimum operator supervision. In the nonlinear control domain, the proposed method can be used to identify the dynamic parameters of an actuator (poles, dead zones, delays, etc.).

Targeted applications of this work could be: assistive control of electrical vehicles (electric powered wheelchair, electric powered cars, etc.), safe teleoperation of mobile platform, remote robotic arm control and safe robotic surgery tool guidance.

Table des matières

Dédicace iii

Remerciements iv

Résumé v

Abstract viii

Table des matières xi

Liste des tableaux xv

Liste des figures xvi

LISTE DES ANNEXES xix

Liste des sigles et abréviations xx

CHAPITRE 1   INTRODUCTION 1
  1.1   Contrôle partagé d'une plate-forme mobile : application à un fauteuil roulant
      motorisé 1
  1.2   Définitions et concepts de base 3
      1.2.1   Plate-forme mobile 3
      1.2.2   Représentation de l'environnement de navigation 3
      1.2.3   Danger et espace d'événèments dangereux 4
      1.2.4   Module semi-autonome de navigation 5
      1.2.5   Agent de contrôle 5
      1.2.6   Signal de contrôle 5
  1.3   Énoncé de la problématique 6
      1.3.1   Problématique générale 6
      1.3.2   Problématiques spécifiques 7
  1.4   Objectifs de recherche 7
  1.5   Plan de la thèse 7

CHAPITRE 2   REVUE DE LITTÉRATURE   9

2.1   Introduction   9

2.2   Fondements de la théorie des jeux du contrôle partagé et domaines d'application   9

2.3   Aides techniques à mobile   12

    2.3.1   Approche cascade du contrôle partagé   13

    2.3.2   Approche fusion du contrôle partagé   15

2.4   Limitation des différentes approches   17

2.5   Conclusion   18

CHAPITRE 3   CONCEPT D'ARCS RÉFLEXES MÉCANIQUES POUR LA NAVIGA-
TION   19

3.1   Introduction   19

3.2   Arcs réflexes mécaniques   20

    3.2.1   Table relationnelle simple   21

    3.2.2   Construction pratique d'une base de données d'arcs réflexes mécaniques   21

    3.2.3   Partitionnement de la base de données   22

    3.2.4   Algorithme d'agrégation basée sur le calcul de fonctions de densité
soustractives   23

3.3   Méthode itérative d'agrégation en ligne   24

3.4   Simulation et étude comparative   26

    3.4.1   Description d'un scénario de navigation   26

    3.4.2   Analyse visuelle des exemplaires   27

    3.4.3   Résultats   28

    3.4.4   Évolution dynamique du nombre de nouvelles classes trouvées   28

    3.4.5   Étude comparative   31

3.5   Conclusion   32

CHAPITRE 4   ARCS RÉFLEXES MÉCANIQUES POUR LA NAVIGATION : ÉTUDE
EXPÉRIMENTALE   34

4.1   Introduction   34

4.2   Environnement expérimental   34

    4.2.1   Plate-forme robotique   34

    4.2.2   Piloté humain et modalité de contrôle   35

    4.2.3   Module semi-autonome   35

    4.2.4   Scénario de navigation   36

4.3   Résultats expérimentaux et discussion   37

    4.3.1   Données générales   37

4.3.2   Analyse et interprétation des classes d'exemplaires   37

4.3.3   Construction itérative de la blibliothèque   39

4.4   Conclusion   41

CHAPITRE 5   MODULE SEMI-AUTONOME POUR LA NAVIGATION COLLABO-

RATIVE   42

5.1   Introduction   42

5.2   Évitement de dangers par la méthode des champs potentiels artificiels   44

5.3   Potentiel directionnel d'un danger   47

5.4   Évitement d'impasses par la méthode des arcs réflexes mécaniques   52

5.4.1   Problèmes de minimums locaux de la méthode des champs potentiels

artificiels   52

5.4.2   Méthode de dégagement d'impasses basée sur les arcs réflexes mécaniques   53

5.5   Conclusion   57

CHAPITRE 6   MODULE SEMI-AUTONOME : VALIDATION EXPÉRIMENTALE   58

6.1   Introduction   58

6.2   Environnement expérimental   58

6.2.1   Plate-forme robotique   58

6.2.2   Modalité de contrôle du pilote humain   58

6.2.3   Module semi-autonome   59

6.2.4   Scénario de navigation   59

6.3   Résultats expérimentaux et discussion   60

6.3.1   Construction dynamique de la bibliothèque d'arcs réflexes mécaniques

pour un pilote type   60

6.3.2   Validation expérimentale du détecteur d'impasses   63

6.3.3   Utilisation de la bibliothèque des arcs réflexes mécaniques   66

6.4   Étude comparative   72

6.4.1   Comparaison des trajectoires d'un pilote type utilisant chacun des trois

modes du module semi-autonome   72

6.4.2   Comparaison des durées d'exécution de trajectoires   75

6.4.3   Comparaison du nombre d'usages de l'arrêt d'urgence pendant l'exécution

de trajectoires   76

6.4.4   Comparaison des temps morts pendant l'exécution de trajectoires . .   78

6.5   Conclusion   79

CHAPITRE 7   CONTRÔLE COLLABORATIF PAR ESTIMATION DE L'APTITUDE

DU PILOTE   80

7.1   Introduction   80

7.2   Différentes approches de mesure de la charge de travail   81

7.3   Aptitude du pilote par l'approche d'entropie comportementale   83

    7.3.1   Approximations successives de l'entropie   91

    7.3.2   Exemples de détermination de l'aptitude du pilote   93

    7.3.3   Simulation et analyse théorique   94

    7.3.4   Évaluation expérimentale de l'aptitude du pilote   96

7.4   Approche délibérative de contrôle collaboratif basée sur l'estimation de l'apti-

tude au pilotage   99

    7.4.1   Problématique de délibération   99

    7.4.2   Approche délibération basée sur l'aptitude au pilotage   99

    7.4.3   Validation expérimentale   102

    7.4.4   Limites de l'approche de collaboration par estimation de l'aptitude du

pilote   109

7.5   Conclusion   109

CHAPITRE 8   EXPÉRIMENTATIONS, ANALYSES ET DISCUSSIONS   111

8.1   Introduction   111

8.2   Environnement expérimental   111

8.3   Procédure expérimentale   116

8.4   Résulats et analyses   117

8.5   Conclusion   126

CHAPITRE 9   CONCLUSION   128

9.1   Synthèse des travaux   128

9.2   Limitations de la solution proposée   130

9.3   Améliorations futures   131

Références   132

Annexes   140

Liste des tableaux

Tableau 1.1   Exigences du contrôle collaboratif   7

Tableau 3.1   Table relationnelle simple pour contexte de dangers-réaction de mouvement   21

Tableau 3.2   Données enregistrées   28

Tableau 3.3   Classes découvertes   29

Tableau 4.1   Données recueillies   37

Tableau 4.2   Classes identifiées pour le pilote A   38

Tableau 4.3   Classes identifiées pour le pilote B   38

Tableau 4.4   Classes identifiées pour le pilote C   39

Tableau 4.5   Classes identifiées pour le pilote D   39

Tableau 4.6   Liste des arcs réflexes mécaniques   40

Tableau 6.1   Liste des arcs réflexes mécaniques   61

Tableau 7.1   Séquence de symboles associés à la séquence de Γ de la figure 7.2   . .   89

Tableau 7.2   Probabilités approximatives des symboles   93

Tableau 7.3   Aptitudes au pilotage   93

Tableau 8.1   Données du pilote I   119

Tableau 8.2   Données du pilote II   119

Tableau 8.3   Données du pilote III   119

Tableau 8.4   Données du pilote IV   120

Tableau 8.5   Lieux de collisions en mode manuel   120

Tableau 8.6   Sections difficiles à exécuter d'après le pilote I   121

Tableau 8.7   Sections difficiles à exécuter d'après le pilote II   121

Tableau 8.8   Sections difficiles à exécuter d'après le pilote III   121

Tableau 8.9   Sections difficiles à exécuter d'après le pilote IV   122

Liste des figures

Figure 1.1   Représentation de l'environnement de navigation   4

Figure 1.2   Diagramme d'évènements dangereux autour de la plate-forme   6

Figure 3.1   Exemple d'arc réflexe mécanique   20

Figure 3.2   Application de la méthode itérative d'agrégation en ligne lors d'un déplacement dans un couloir non rectiligne   27

Figure 3.3   Évolution du nombre de classes par la méthode itérative d'agrégation en ligne   29

Figure 3.4   Évolution de la classification des exemplaires   30

Figure 3.5   Nombre de classes lorsque le parcours est exécuté trois fois de la même manière   31

Figure 3.6   Temps de calcul des deux algorithmes   32

Figure 4.1   Représentation de la plate-forme et du système extéroceptif   35

Figure 4.2   Photo panoramique de l'environnement de navigation   36

Figure 4.3   Évolution temporelle du nombre d'arcs réflexes mécaniques   40

Figure 5.1   Diagramme d'interaction pilote - module semi-autonome   46

Figure 5.2   Exemple d'échec de l'application de la méthode de CPA en présence de dangers de S_h non visibles au module semi-autonome   47

Figure 5.3   Particule sous l'action d'un danger détectable par le module semi-autonome   48

Figure 5.4   Exemple de contexte dans lequel la méthode de CPA est inefficace . .   50

Figure 5.5   Exemple de contexte avec l'utilisation du potentiel directionnel de chaque danger   51

Figure 5.6   Exemple de fonction de potentiel directionnel   51

Figure 5.7   Exemple d'impasse   52

Figure 5.8   Diagramme d'interactions   54

Figure 6.1   Vue panoramique de l'environnement de navigation et du poste de contrôle du pilote humain   59

Figure 6.2   Illustration du contexte de navigation pour l'arc réflexe 0   62

Figure 6.3   Évolution temporelle du nombre d'arcs réflexes mécaniques   63

Figure 6.4   Fonction de potentiel directionnel utilisée pour le test du module de détection d'impasses.   64

Figure 6.5   Exemple de signaux de contrôle avec présence d'impasses :(a) signal de contrôle en translation de la part du pilote et vitesse de translation de la plate-forme mesurée ; (b) signal de contrôle en rotation de la part du pilote et vitesse de rotation de la plate-forme mesurée ; (c) une valeur '1' indique une impasse, tandis qu'une valeur '0' indique une absence d'impasse.   65

Figure 6.6   Trajectoire décrite par la plate-forme pendant la seconde exécution du parcours   67

Figure 6.7   Décision du module autonome et arcs réflexes actifs : (a) Décision en fonction du temps ; (b) Arcs réflexes mécaniques utilisés.   68

Figure 6.8   Comparaison entre le module du vecteur représentant les signaux de contrôle du pilote et le module du vecteur représentant la vitesse mesurée de la plate-forme   69

Figure 6.9   Configuration de la plate-forme pendant l'utilisation de l'arc réflexe 3   70

Figure 6.10   Signaux de contrôle du pilote et du module semi-autonome   71

Figure 6.11   Comparaison de trois trajectoires :(a) Trajectoire en mode arrêt d'urgence. (b) Trajectoire en mode réactif simple. (c) Trajectoire en mode réactif et réflexe mécanique. Les flèches indiquent les endroits critiques dans l'exécution des manoeuvres de navigation.   74

Figure 6.12   Comparaison des durées d'exécution de trajectoires en mode arrêt d'urgence, en mode réactif simple et en mode réactif et réflexe.   75

Figure 6.13   Comparaison du nombre d'arrêts d'urgences pendant les exécutions de trajectoires en mode arrêt d'urgence, en mode réactif simple et en mode réactif et réflexe.   77

Figure 6.14   Comparaison du nombre des durées de temps mort pendant les exécutions de trajectoires en mode arrêt d'urgence, en mode réactif simple et en mode réactif et réflexe.   78

Figure 7.1   Exemple de représentation de Γ dans le cas d'inaptitude de type 1 . .   85

Figure 7.2   Exemple de représentation de Γ dans le cas d'inaptitude de type 2 . .   86

Figure 7.3   Trois représentations différentes de Γ   87

Figure 7.4   Diagramme de transitions   90

Figure 7.5   Évolution de l'aptitude   92

Figure 7.6   Simulation :(A) $\Gamma(n)$; (B) $P_{00}(n)$; (C) $H_{\Gamma}(n)$ 95

Figure 7.7   Photo panoramique de l'environnement de navigation   96

Figure 7.8   Évaluation expérimentale de l'aptitude d'un pilote pendant la traversée d'un corridor étroit.   98

Figure 7.9   Diagramme de contrôle collaboratif   100

Figure 7.10   Diagramme des signaux de contrôle   101

Figure 7.11   Environnement de test de l'approche de délibération   103

Figure 7.12   Trajectoire de la plate-forme mobile contrôlée par le module semi-
               autonome à l'intérieur de la carte d'occupation.   104

Figure 7.13   Trajectoire de la plate-forme mobile contrôlée par le pilote seul. . . .   105

Figure 7.14   Trajectoire de la plate-forme mobile contrôlée par les deux agents. . .   106

Figure 7.15   Différentes composantes de l'aptitude du pilote   107

Figure 7.16   Signaux de contrôle pendant le test de validation   108

Figure 8.1   Photos de l'environnement expérimental   112

Figure 8.2   Vue de la plate-forme expérimentale   113

Figure 8.3   Carte de l'environnement expérimental réalisé à l'aide de la méthode
               localisation et de navigation simultanée   114

Figure 8.4   Vues détaillées aux points de passages G et H   115

Figure 8.5   Exemple d'exécution du parcours   118

Figure 8.6   Histogrammes des signaux de contrôle du pilote I   123

Figure 8.7   Histogrammes des signaux de contrôle du pilote II   124

Figure 8.8   Histogrammes des signaux de contrôle du pilote III   125

Figure 8.9   Histogrammes des signaux de contrôle du pilote IV   126

Figure .1   Exemple de déviation causée par l'application des méthodes de CPA   151

Figure .2   Exemple d'échec de l'application de la méthode de CPA en présence
               de dangers de S_h   152

Figure .3   Exemple d'impasse avec la méthode de CPA   153

Figure .1   Trois représentations différentes de Γ avec le même nombre de transitions   157

Figure .2   Diagramme de transitions   158

Figure .1   Architecture de collaboration pour la navigation   160

Figure .2   Génération de trajectoires   161

Figure .3   Diagramme de contrôle.   162

LISTE DES ANNEXES

1- Revue de la littérature sur la théorie générale des jeux 140

2- Analyse des problèmes de contrôle avec les méthodes de champs potentiels artificiels 150

3- Modulation de la distance de sécurité minimale 154

4- Détails de calculs de l'entropie comportementale 157

5- Architecture robotique pour la navigation collaborative 159

Liste des sigles et abréviations

α	Aptitude du pilote humain
α_L	Seuil normalisé pour considérer qu'un secteur est occupé
CPA	Champs Potentiels Artificiels
C	Espace de configuration
D_0	La distance de sécurité minimale
E_i^M	L'état i du mouvement
$f(X(n), U)$	Fonction représentant la dynamique de la plate-forme
F	La force résultante totale appliquée sur une particule évoluant dans un CPA
F_A	La force attractive appliquée sur une particule évoluant dans un CPA
$F_i(Q)$	La force répulsive d'un danger situé à Q_i sur une particule située à Q
F_R	Résultante des forces répulsives appliquées sur une particule évoluant dans un CPA
G	Origine du référentiel mobile
k	Étape dans un jeu séquentiel
K_E	Le facteur d'échelle permettant d'harmoniser les intensités des forces répulsives et attractives
K_I	Le facteur d'influence dans la détermination de $K_R(Q_i)$
$K_R(Q_i)$	Pondération directionnelle de $F_i(Q)$
I	Exemplaire d'une base de données
I_A	Exemplaire représentant un arc de réflexe mécanique
n	Représentation d'une instance de temps échantillonné
N_A	Nombre d'arcs réflexes mécaniques
N_C	Nombre de classes découvertes
N_D	Nombre de dangers détectés par le système extéroceptif
N_E	Nombre maximal d'états du mouvement
N_I	Nombre d'exemplaires dans une base de données
O	Origine du référentiel fixe
Ob_i	Obstacle i
$\omega(n)$	Vitesse de rotation de la plate-forme à l'instant n
P_I	Potentiel d'un exemplaire par la méthode de Chui

$Pr(x)$	Probabilité d'une variable aléatoire dont la valeur est x
ϕ	Écart angulaire entre les vecteurs direction du mouvement et de l'opposé de la force répulsive
Q	La pose de la plate-forme exprimée dans le référentiel fixe
Q_G	La pose cible à atteindre
Q_i	La pose d'un danger quelconque i
θ	Orientation de la plate-forme mesurée par rapport au référentiel fixe
∇	Symbole du gradient
S	Ensemble des dangers dans l'entourage immédiat de la plate-forme
S_m	Ensemble des dangers perceptibles par le système extérioceptif du $MSAN$
S_h	Ensemble des dangers perceptibles par le système visuel du PH
S_{hm}	Ensemble des dangers perceptibles par les systèmes sensoriels du PH et du $MSAN$
u	Axe u dans le référentiel mobile de l'environnement de navigation
U	Signal collaboratif
$UISR$	Unité d'Identification et de Sélection de Réflexes
U_h	Signal de contrôle du pilote humain
U_m	Signal de contrôle du module de semi-autonome de navigation
U_o	Signaux de translation et de rotation observés sur la plate-forme
v	Axe v dans le référentiel mobile de l'environnement de navigation
$v(n)$	Vitesse de translation de la plate-forme à l'instant n
W	Environnement de navigation
x	Axe x dans le référentiel fixe de l'environnement de navigation
X	Configuration de la plate-forme dans le référentiel fixe dont l'origine est G
y	Axe y dans le référentiel fixe de l'environnement de navigation

CHAPITRE 1

INTRODUCTION

1.1 Contrôle partagé d'une plate-forme mobile : application à un fauteuil roulant motorisé

Certaines plates-formes robotiques sont dotées de modules ayant la capacité de prendre des décisions et de réagir convenablement à leur environnement avec une supervision minimale d'un opérateur humain. Ces modules sont désignés par *modules autonomes*. Malgré les progrès technologiques récents notamment en intelligence artificielle et en automatisme, les modules autonomes sont loin de remplacer complètement l'humain. Cependant, il est raisonnable de penser que l'humain et le module autonome possèdent des forces et des faiblesses complémentaires. En effet, il est couramment admis que les modules autonomes sont beaucoup plus rapides et plus précis dans le traitement des données (Taylor, 2006). De son côté, l'humain est performant dans la gestion d'informations complexes requérant une prise de décision rapide. En procédant de manière à ce que l'humain et les modules autonomes cohabitent sur la même plate-forme robotique, il serait possible de tirer avantage de la mise en commun de leurs forces complémentaires. Toutefois, la présence de l'humain et son intervention sur les décisions prises par les modules autonomes posent alors le problème complexe de partage de contrôle de la plate-forme robotique sur laquelle les deux entités cohabitent. Plusieurs exemples de contrôle partagé entre un humain et un module autonome ont été rapportés dans les littératures médicale, militaire, automobile et économique. Dans le domaine médical, des efforts sont déployés afin de réduire les risques d'erreurs humaines. En particulier en chirurgie, une nouvelle génération d'instruments chirurgicaux dits *intelligents* a été mise au point dans le but d'aider le chirurgien dans l'exécution de gestes médicaux délicats (ablation de tumeurs cancéreuses, remplacement de genoux, remplacement de la hanche, etc.). Dans un aperçu bibliographique paru en 2006, les auteurs (Taylor, 2006) dressent une liste des raisons fondamentales qui ont conduit à la mise au point de ces plates-formes robotiques après avoir examiné les causes reliées aux erreurs humaines en chirurgie. Cette liste faisait ressortir des aspects importants : (i) l'exactitude et la rapidité d'exécution de mouvement par un instrument intelligent ; (ii) la susceptibilité à la fatigue et le manque de concentration momentané du chirurgien. Les auteurs (Taylor, 2006) sont alors arrivés à la conclusion que l'intégration des avantages des plates-formes robotiques chirurgicales tels que la précision et la rapidité dans l'exécution des manoeuvres, l'absence de fatigue et la capacité d'intégrer plusieurs sources d'information permettrait de réduire les risques d'erreurs médicales. Plusieurs plates-formes robotiques chirurgicales sont en cours d'expérimentation ou même d'utilisation routinière dans divers hôpitaux universitaires.

Dans le domaine militaire, des véhicules aériens non habités sont utilisés pour des missions de reconnaissance ou de combat. Bien que ces véhicules soient équipés de modules autonomes de navigation, ils requièrent la collaboration étroite d'un coordinateur au sol afin d'atteindre convenablement les objectifs de mission. Ce type d'application demande un partage du contrôle du véhicule aérien. Une autre application connexe concerne la coordination d'un groupe d'avions non habités à partir d'une base aérienne au sol. S'il est difficile de codiriger un avion non habité, il est encore plus difficile d'en coordonner plusieurs.

La conduite automobile est un domaine dans lequel on voit apparaître des concepts d'assistance active à la navigation, sous la forme de modules dont le but est d'identifier une condition de risque de sécurité et d'aider le conducteur humain à corriger la situation. Il existe par exemple des modules d'évitement de collision en avant et en arrière du véhicule qui détectent toute proximité dangereuse d'objets et régulent la vitesse du véhicule en conséquence. Il y a également des modules spécialisés dans la détection de l'état de fatigue du conducteur humain.

Le domaine économique n'échappe pas non plus au problème de contrôle partagé. En effet, depuis les travaux de Von Neumann (Neumann et Morgenstern, 1944) sur la théorie des jeux et ceux de John Nash (Nash, 1951), il y a une forte tendance à exploiter les résultats publiés dans le domaine afin de résoudre les problèmes économiques complexes. Un des grands enjeux dans ce domaine concerne le contrôle optimal du prix d'un bien. D'autres enjeux comme la négociation commerciale entre plusieurs compagnies, la répartition équitable de gain entre plusieurs agents économiques, les stratégies optimales en situation de monopole, duopole ou oligopole économiques ont fait l'objet d'application des théories associées au contrôle partagé.

L'autre application ponctuelle du contrôle collaboratif à laquelle s'intéresse le présent travail concerne le pilotage d'un fauteuil roulant motorisé. Cette application présente des spécificités concernant le pilote humain, le milieu et les tâches à accomplir.

- Le pilote n'est pas un expert dans l'exécution des manoeuvres de déplacement contrairement au chirurgien qui maîtrise son outil de travail ;
- Les facultés perceptuelles et motrices du pilote sont limitées et variables au cours du temps ;
- Le pilote utilise la majorité du temps son fauteuil roulant dans un environnement de navigation intérieure, contraignant et variable. En effet, l'espace disponible pour le déplacement du fauteuil est très limité et parsemé de dangers (par exemple la présence des meubles). La position de ces meubles est variable dans le temps et des obstacles

mouvants (animaux domestiques, aidants naturels, etc.) peuvent être aussi présents dans l'environnement de navigation;

– Les tâches de navigation à accomplir par le pilote sont généralement routinières. En effet, elles sont gouvernées par le temps, les habitudes de vie et les besoins thérapeutiques. Il y a donc un caractère prévisible dans l'exécution de ces tâches. Le manque d'expertise dans l'exécution des manoeuvres de pilotage dans un espace restreint et le caractère répétitif de ces manoeuvres sont des contextes d'application du contrôle partagé.

Concevoir un module d'assistance intelligent de fauteuil roulant motorisé requiert une méthode de design dans laquelle les signaux de contrôle du pilote sont intégrés. La mise au point et la preuve de concept d'une telle méthode font partie intégrante du travail présenté dans ce document. Nous utilisons de nouvelles approches inspirées de la théorie générale des jeux.

Le reste de ce chapitre est organisé en quatre sections. La première section présente les définitions générales et les concepts de base utilisés dans les autres chapitres. La problématique faisant l'objet de notre étude est formulée dans la seconde section, tandis que les objectifs de recherche et le plan de la dissertation de thèse sont abordés respectivement dans les troisième et quatrième sections.

1.2 Définitions et concepts de base

1.2.1 Plate-forme mobile

Une plate-forme mobile (PM) est un corps rigide doté d'actionneurs lui permettant de se déplacer dans un environnement de navigation. Ainsi, sa cinématique et sa dynamique sont régies par les lois de la physique des corps rigides. Nous nous intéressons spécifiquement aux plates-formes mobiles électriques à propulsion différentielle et possédant une contrainte non-holonomique (Astolfi, 1999).

1.2.2 Représentation de l'environnement de navigation

Un environnement de navigation (W) est un espace euclidien, considéré dans ce travail comme étant à deux dimensions. Sur la figure 1.1 sont représentés une plate-forme mobile évoluant dans cet environnement et deux dangers nommés Ob_1 et Ob_2. Les capteurs extéroceptifs ne sont pas représentés sur la plate-forme afin d'alléger la figure.

Référentiels de fixe et mobile

Sur la figure 1.1, deux référentiels sont utilisés pour décrire l'évolution cinématique de PM dans W. Le référentiel fixe dont l'origine est désignée par O, est représenté par les axes

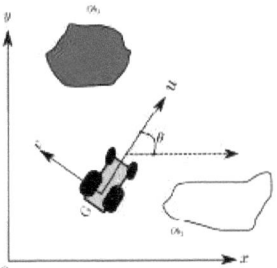

Figure 1.1 Représentation de l'environnement de navigation

x et y. Sur la plate-forme mobile est attaché un second référentiel dont l'origine G est le point de giration entre les axes principaux des deux actionneurs est représenté par les axes u et v.

Espace de configuration d'une plate-forme mobile

Une configuration $X(k)$ est la spécification à l'étape k, de la position $[x(k), y(k)]'$ du centre de giration G et de l'orientation $\theta(k)$ (angle entre les axes x et u). Ainsi, l'espace de configuration de PM est l'ensemble des configurations possibles de PM dans W. Cet espace est désigné par C. Cette notion d'espace de configuration est très utile parce que la plupart des plates-formes mobiles utilisées en pratique possèdent au moins une contrainte non-holonomique.

1.2.3 Danger et espace d'événèments dangereux

Lors d'une tâche de navigation, la présence d'obstacles constitue des dangers. Nous désignons par obstacle, une région de C que la plate-forme mobile ne peut accéder sans entrer en contact avec un corps physique qui s'y trouve. Ce contact peut éventuellement entraîner des dommages à la plate-forme ou au pilote humain, présent sur la plate-forme (par exemple : usager à bord d'un fauteuil roulant motorisé). Les dangers détectables par le système sensoriel du pilote humain font partie de l'ensemble des événements dangereux S_h^e. De façon similaire, ceux qui sont détectables par les capteurs extéroceptifs de PM constituent l'ensemble S_m^e.

1.2.4 Module semi-autonome de navigation

Un module semi-autonome de navigation est un programme informatique doté d'un système de capteurs extéroceptifs lui permettant de contrôler les actionneurs d'une plate-forme mobile de façon à éviter les dangers potentiels dans l'environnement. Il réagit locale-ment à son environnement et ne possède pas de connaissances globales de navigation telles que le plan des lieux et les endroits où se trouvent les points d'intérêts du pilote. Les points d'intérêts réfèrent aux configurations spécifiques dans W que le pilote humain pourrait y conduire la plate-forme mobile.

1.2.5 Agent de contrôle

Un agent de contrôle est une entité physique ou virtuelle capable :
- de percevoir les obstacles par l'entremise de son système perceptuel propre ;
- d'utiliser une plate-forme mobile pour interagir avec l'environnement physique dans lequel se trouve ladite plate-forme.

Deux agents sont directement impliqués dans notre étude : le pilote humain et le module semi-autonome de navigation.

1.2.6 Signal de contrôle

Un signal de contrôle est une commande émise par un agent de contrôle afin d'induire un déplacement d'une plate-forme mobile. Le signal de contrôle du pilote humain à l'instant n est désigné par $U_h(n), n = 0, 1, 2, ...$ De façon simulaire, celui du module semi-autonome sont représentés par $U_m(n), n = 0, 1, 2, ...$ Le signal de contrôle résultant de la collaboration est représenté par $U(n), n = 0, 1, 2, ...$

1.3 Énoncé de la problématique

1.3.1 Problématique générale

Nous considérons le cas général dans lequel un pilote génère des signaux de contrôle discret afin de commander une plate-forme mobile dans un environnement de navigation. Sur la même plate-forme mobile se trouve un module semi-autonome de navigation qui collabore avec le pilote de manière à éviter les évènements dangereux détectables. Le pilote humain utilise son système visuel pour percevoir des dangers appartenant à S_h^e et réagir en conséquence. Cependant, sa réaction peut s'avérer inappropriée et entraîner des collisions dangereuses. Une réaction inappropriée du pilote humain pourrait être le résultat des facteurs comme l'inattention, la fatigue et les limites de son système visuel.

Le module semi-autonome de navigation utilise des capteurs extéroceptifs pour percevoir les dangers appartenant à l'ensemble S_m^e. Ces capteurs possèdent inévitablement de limitations et ne peuvent donc ne pas percevoir tous les dangers dans l'entourage immédiat de la plate-forme. Parmi les limitations couramment rencontrées figurent le bruit des mesures de proximité, la nature et la géométrie de certains dangers qui rendent difficile leurs détections et les zones autour de la plate-forme qui sont non couvertes par les capteurs.

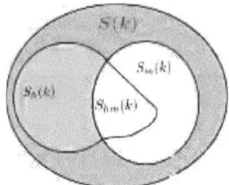

Figure 1.2 Diagramme d'évènements dangereux autour de la plate-forme

Étant donné que ces deux systèmes de perception sont différents, plusieurs situations peuvent survenir dans lesquelles (voir figure 1.2) :

- un danger est uniquement perceptible par le module semi-autonome ; nous désignons par S_m, l'ensemble de ces événements ;
- un danger est uniquement perceptible par le pilote humain ; nous désignons par S_h, l'ensemble de ces événements ;
- un danger est perceptible par les deux agents ; nous désignons par S_{hm}, l'ensemble de ces événements ;
- un danger n'est perceptible ni par le pilote humain, ni par le module semi-autonome de navigation ; nous désignons par S, l'ensemble de ces événements.

Face à un danger, chaque agent réagit à sa manière en sélectionnant un signal de contrôle parmi un ensemble de signaux admissibles. En considérant que les agents collaborent afin d'éviter un évènement dangereux et que chacun d'eux possède à la fois son propre système de perception de danger et son propre mécanisme de sélection de signaux de contrôle, comment concevoir un signal de contrôle collaboratif applicable à la plate-forme mobile de façon à éviter cet événement. Par ailleurs, la sélection du signal de contrôle du pilote humain pourrait être affectée par des facteurs réduisant sa capacité à réagir convenablement au danger appartenant à S_{hm}. Dans ces conditions, comment réduire les conséquences potentielles dues à la dégradation de l'aptitude du pilote humain à éviter adéquatement ce genre d'évènement dangereux?

1.3.2 Problématiques spécifiques

En considérant que lorsqu'un évènement dangereux appartient à S, il est impossible de l'éviter, le problème général de contrôle collaboratif consiste à trouver une méthode permettant de générer à chaque instant n, le signal de contrôle collaboratif $U(n)$ en fonction de l'aptitude du pilote. $U(n)$ doit permettre d'éviter tout danger détectable par le système extéroceptif du module semi-autonome.

1.4 Objectifs de recherche

En ayant accès seulement au signal de contrôle du pilote humain et aux informations sensorielles des capteurs extéroceptifs et en considérant que le module semi-autonome de navigation collabore avec le pilote humain, l'objectif principal de la recherche est de proposer une méthode collaborative d'évitement de dangers en fonction de l'aptitude du pilote et qui répond aux exigences suivantes énumérées dans le tableau 1.1.

Tableau 1.1 Exigences du contrôle collaboratif

	Évènements dangereux	Priorité de contrôle
1	S_m	Priorité au module semi-autonome
2	S_h	Priorité au pilote
3	S_{hm}	Délibération

1.5 Plan de la thèse

Le reste du document de thèse est organisé en huit chapitres. Afin de connaître l'état de la recherche sur le contrôle partagé en général et sur le contrôle collaboratif entre un pilote de fauteuil roulant et un module semi-autonome en particulier, une revue bibliographique est présentée dans le chapitre 2.

Le contrôle d'une plate-forme mobile par un pilote humain dans un environnement restreint comporte généralement des opérations de navigation répétitives. Le pilote a tendance à réagir de manière similaire dans des contextes de dangers semblables. C'est pourquoi une méthode permettant de trouver des associations de contextes de dangers et de signaux de contrôle du pilote qui sont similaires est présentée dans le chapitre 3. Dans le chapitre 4, une étude expérimentale de la méthode d'identification de ces associations est présentée.

Le module semi-autonome est l'une des composantes essentielles au contrôle collaboratif. C'est pourquoi dans le chapitre 5, nous présentons le design détaillé de ce module basé sur une version modifiée de l'approche des champs potentiels artificiels. La modification introduite vise à réduire les effets négatifs généralement associés à l'approche des champs potentiels artificiels (oscillations du mouvement en environnement contraint, changement brusque de direction de mouvement, etc.). Par ailleurs, dans le design de ce module, les arcs réflexes mécaniques sont utilisés afin de diminuer les effets dus au problème de minimum local. Le module semi-autonome permettant l'intervention du pilote humain dans son processus de contrôle est validé à travers à travers plusieurs expériences en laboratoire dont les résultats sont discutés dans le chapitre 6.

Le design du module semi-autonome permet de développer une approche de contrôle collaboratif impliquant les signaux de contrôle du pilote. Dans le chapitre 7, nous présentons d'abord une approche d'estimation de l'aptitude du pilote en temps-réel. Elle est basée sur la théorie de l'entropie de Shannon (Shannon, 1948). Ensuite, cette estimation est utilisée dans un algorithme délibératif respectant les objectifs de contrôle collaboratif de cette thèse.

Le chapitre 8 est consacré aux expériences de validation d'ensemble et à une étude comparative impliquant plusieurs pilotes humains. Cette validation concerne tous les concepts présentés dans cette thèse.

Enfin, un survol des concepts présentés, une liste de contributions originales et des suggestions d'améliorations futures sont présentés dans le dernier chapitre.

CHAPITRE 2

REVUE DE LITTÉRATURE

2.1 Introduction

Le contrôle partagé est utilisé dans plusieurs domaines : l'économie, la médecine, la robotique, l'aviation, la conduite automobile, etc. La présente revue bibliographie est organisée en trois sections. Dans la section 2, une revue des théories qui ont été proposées est présentée. Pour une revue plus détaillée, veuillez consulter l'annexe 1. Les aides techniques à la mobilité constituent un champ d'applications pouvant exploiter les résultats présentés dans ce document. La section 3 y est consacrée. Enfin dans la section 4, nous présentons une mise en lumière des principales limitations des travaux présentés dans la littérature.

2.2 Fondements de la théorie des jeux du contrôle partagé et domaines d'application

Le problème de contrôle partagé entre dans la catégorie plus générale des problèmes de décisions stratégiques impliquant plusieurs agents. Un agent est un humain ou un module semi-autonome de contrôle capable de prendre des décisions. Le premier formalisme mathématique rigoureux permettant de résoudre les problèmes de décision stratégique impliquant plus d'un agent remonte à 1928. Par la suite, Von Neumann a publié l'ouvrage fondamental sur la théorie de jeu (Neumann et Morgenstern, 1944). Il a également proposé deux grandes classes de jeux : jeu non collaboratif et jeu collaboratif.

La théorie du jeu non collaboratif s'intéresse aux situations dans lesquelles les agents ne sont pas autorisés à former de coalitions en vue d'augmenter leurs gains respectifs. Un résultat fondamental qui a été proposé par Nash en 1951 (Nash, 1951) concerne la notion de solution globale ou de point d'équilibre stratégique dans les jeux non collaboratifs. En utilisant le théorème de point fixe de Brouwer, Nash a prouvé qu'il existe un point d'équilibre pour un jeu bien défini. Ce point d'équilibre, appelé *équilibre de Nash* est défini de telle sorte qu'aucune déviation unilatérale de stratégies d'un agent par rapport à ce point, ne lui procure plus de gain (Luce et Howard, 1989).

Il existe des systèmes différentiels linéaires décrivant la dynamique d'une plate-forme robotique. Si ces systèmes sont affectés par des bruits gaussiens, alors ils sont désignés par *systèmes linéaires gaussiens*. Lorsqu'un contrôle optimal est requis pour asservir, une fonction de coût cumulative dont les termes sont quadratiques est définie. L'utilisation des fonctions de coûts quadratiques et des systèmes linéaires donne lieu à une classe de systèmes nommés systèmes linéaires quadratiques et gaussiens. Pour cette classe de systèmes, lorsque le contrôle implique plusieurs agents, il a été démontré qu'il existe une solution unique (Papavassilopoulos, 1981). Ce résultat est basé sur le théorème d'équilibre de Nash et la programmation dynamique. Par ailleurs, Uchida (Uchida et Shimemura, 1981) a aussi démontré l'existence d'une solution unique pour les systèmes linéaires quadratiques et gaussiens lorsque plus de deux agents sont impliqués. Dans les deux cas, la solution est toujours le point d'équilibre de Nash (Dixon, 2003).

La théorie du jeu collaboratif s'intéresse aux situations dans lesquelles les agents ont le droit de communiquer entre eux afin de fixer une stratégie conjointe. Ce faisant, toutes les combinaisons possibles de stratégies sont permises. Von Neumann (Neumann et Morgenstern, 1944) a proposé le concept de fonction caractéristique qui, à chaque combinaison de stratégies, associe une valeur de gain. Lorsqu'on considère la classe des problèmes de jeux collaboratifs sans transfert de gain, la méthode de négociation de Nash appelée *Nash bargaining* est la plus utilisée (John F. Nash, 1950). Par ailleurs, la présence d'une hiérarchie entre des agents pourrait être exploitée pour mieux définir les stratégies en cause. Un agent joue le rôle de meneur tandis que les autres agents sont des suiveurs du meneur. Cette forme de jeu a été proposée pour la première fois par Stackelberg (Medanic, 1978). Dans le jeu de Stackelberg impliquant deux agents, le meneur choisit en premier sa stratégie (un signal de contrôle) en optimisant sa propre fonction de coût. Cette stratégie est portée à la connaissance du suiveur qui, de son côté, tentera d'optimiser sa fonction de coût en prenant en compte la stratégie du meneur. Harmati (Harmati, 2006) a utilisé le concept de jeu de Stackelberg dans un contexte de coordination multi-robots pour des applications de poursuite de cible. Les résultats présentés indiquent que les stratégies obtenues par cette méthode donnent des valeurs de coûts inférieures à celles obtenues par la méthode de Nash.

Le concept de guidage virtuel a été introduit en 1993 par Rosenberg (Rosenberg, 1993). C'est un système de contrôle installé sur une plate-forme robotique et qui est destiné à aider un agent humain à exécuter avec plus de facilité des manœuvres qui autrement seraient difficiles à exécuter. Par exemple, tracer une droite sur une feuille de papier et à main levée est plus difficile à réaliser que de tracer une droite en s'appuyant sur un support rectiligne (une règle). Dans ce cas, le support rectiligne joue essentiellement un rôle de guidage.

Les domaines d'application du contrôle partagé sont nombreux. Les plates-formes robotiques sont utilisées dans le domaine médical notamment dans les opérations chirurgicales. Ces plates-formes possèdent les avantages tels que la précision dans l'exécution des mouvements, la réduction des oscillations des outils intégrés et la miniaturisation (ce qui leur permet de fonction dans un environnement restreint). Cependant, ces plates-formes s'adaptent difficilement aux imprévus et sont limitées dans leurs capacités de jugement. Par ailleurs, l'excellent jugement, la bonne dextérité et la capacité d'intégrer plusieurs sources d'information font des qualités du chirurgien, un complément idéal aux plates-formes médicales (Taylor, 2006). Le défi réside dans la mise en commun de ces deux entités. Deux tendances de contrôles robotiques ont été identifiées :

- l'approche industrielle : les méthodes de contrôle robotique développées dans l'industrie (contrôle PID, contrôle optimal, contrôle robuste, etc.) sont adaptées aux exigences médicales. Par exemple, un contrôle PID dont les paramètres sont adaptés en utilisant la logique floue a été proposé comme méthode robuste permettant de contrôler un bras chirurgical spécialisé dans l'ablation de tumeurs cancéreuses du foie (Qinjun et Xueyi, 2006). L'approche de non-collaboration a été adoptée pour concevoir ce contrôleur. Le chirurgien planifie complètement toutes les séquences que la plate-forme robotique doit exécuter et l'assiste dans l'exécution des plans.

- l'approche d'intégration humain-machine : cette tendance vise une collaboration beaucoup plus étroite entre le chirurgien et la plate-forme robotique. Plusieurs méthodes ont tenté d'exploiter cette notion de collaboration. La forme la plus répandue utilise une approche basée sur le guidage virtuel. Des contraintes de position et de vitesse sont intégrées dans l'élaboration de la loi de commande de la plate-forme afin d'éviter que le chirurgien n'opère sur des zones interdites ou n'exécute des mouvements préjudiciables pour le patient. Le guidage virtuel réduit aussi l'amplitude des oscillations ou des tremblements des mains du chirurgien augmentant ainsi la sécurité de l'opération chirurgicale. Le robot chirurgical Acrobot est un exemple réussi de l'implantation de cette approche de contrôle (Taylor, 2006).

Les applications du contrôle partagé en robotique mobile sont nombreuses : pilotage automobile, contrôle de fauteuil pour personne handicapée, gestion de véhicules aériens, contrôle de sous-marin et coordination multi-robots.

Dans le domaine du pilotage automobile, deux tendances de contrôle ont été identifiées :

- le contrôle partagé et non collaboratif entre des modules autonomes et le conducteur du véhicule ;

- le contrôle partagé avec collaboration entre des modules autonomes et le conducteur du véhicule.

Dans la première catégorie, le conducteur spécifie la destination et les modules autonomes sont entièrement responsables de planifier une route et d'exécuter le plan. Toutefois, le conducteur à la possibilité d'intervenir lors du déroulement de la conduite automatique. Ce concept a été présenté par Lan (Lan et Rui, 2003) dans une étude dont l'objectif principal était de savoir comment le module semi-autonome influençait la perception, les décisions et le contrôle du conducteur. Pour ce faire, une architecture meneur-suiveur a été utilisée : le premier scénario place le conducteur en mode esclave, c'est-à-dire que c'est le module semi-autonome qui, connaissant l'objectif de navigation (la destination), établit la planification de la route et assure son exécution. Le rôle du conducteur humain revient à assister le module de navigation dans les prises décisions. Dans le second scénario, les rôles sont inversés. D'après son analyse, le conducteur humain, lorsqu'il joue le rôle de maître, commet en général 60% d'erreurs de perception, 35% d'erreurs de décision et 5% d'erreurs de contrôle. La présence de module semi-autonome de navigation pourrait alors améliorer les performances dues à la perception du conducteur humain. Par ailleurs, le module semi-autonome, dans le rôle de maître, est inefficace lorsqu'il y a des imprévus qui surgissent pendant l'exécution des opérations de conduite à cause principalement de sa difficulté à prendre de bonnes décisions. Malheureusement pour cette étude, aucune information n'est disponible afin de savoir comment le module semi-autonome a été conçu et intégré au pilotage.

Dans la seconde catégorie, c'est-à-dire le contrôle partagé avec collaboration, plusieurs méthodes ont été proposées. Chacune de ces méthodes vise un aspect bien précis de la conduite automobile : changement de voie (Boo et Jung, 2000) , évitement de collision en avant et en arrière du véhicule (Tricot et al., 2004), alerte quand le conducteur humain est fatigué (Bao et al., 2007). Aucune méthode ne semble s'appliquer à toutes les situations. Dans tous les cas, le conducteur humain reste le pilote du véhicule et les modules d'assistance l'aident à réduire les risques d'accident en signalant toute anomalie relevée.

Le contrôle partagé est aussi utilisé dans les applications de coordination multi-robots. Semsar (Semsar et Khorasani, 2007) a présenté une approche de contrôle optimale basée la théorie des jeux coopératifs pour coordonner plusieurs véhicules non habités. Il a considéré le cas particulier d'un groupe de véhicules autonomes disposés en anneau. Chaque véhicule possède une liaison de communication avec le véhicule qui le précède et aussi avec le véhicule qu'il suit. Dans un premier temps, il a appliqué la théorie du contrôle optimal décentralisé pour trouver une loi de commande pour l'équipe. Et dans un second temps, il a fait usage de la théorie de négociation de Nash afin de déterminer la loi de commande optimale minimisant toutes les fonctions de coût de tous les participants au groupe de véhicules. Cet article a eu le mérite de proposer deux approches de contrôle collaboratif. Cependant, aucune comparaison n'a été fournie afin de pouvoir connaître les avantages et les inconvénients de chaque méthode.

2.3 Aides techniques à mobile

Le contrôle des fauteuils roulants motorisés constitue un domaine d'application dans lequel le contrôle partagé est une approche de contrôle intéressante. En effet, les usagers (pilotes humains) de ces plates-formes ne sont pas des experts dans l'exécution des tâches de navigation. Ils éprouvent parfois des difficultés à effectuer certaines manoeuvres dans des espaces restreints comme le passage de porte, l'évitement des coins de murs, etc. Par ailleurs, l'aspect routinier des opérations de navigation qu'ils effectuent offre la possibilité d'avoir une structure d'information stable (routes suivies, profiles de vitesse et endroits souvent visités). Un module semi-autonome de contrôle peut donc exploiter ce contexte favorable pour aider un agent humain dans l'exécution des manoeuvres de navigation difficiles.

Deux approches de contrôle partagé des fauteuils roulants motorisés sont recensés : cascade et fusion.

2.3.1 Approche cascade du contrôle partagé

L'approche cascade consiste à interpréter les séquences de signaux de contrôle émis par le pilote humain afin d'en extraire une configuration (position et orientation) de destination. Une fois cette configuration estimée, le module semi-autonome est responsable de la planification et de l'exécution des différentes manoeuvres permettant à la plate-forme d'atteindre la destination tout en évitant au passage des dangers. L'effet cascade découle de l'aspect séquentiel dans le traitement des signaux de contrôle des deux parties impliquées dans le processus de partage du contrôle. Dans un premier temps, les signaux du pilote sont utilisés par le module semi-autonome qui, dans un second temps, génère les signaux qui sont réellement exécutés par la plate-forme mobile. Le problème principal à résoudre lorsque cette approche est utilisée est d'estimer correctement la destination du pilote humain. Pour une telle estimation, deux classes de méthodes ont été proposées.

Dans la première classe de méthodes, le pilote sélectionne grossièrement la destination qu'il aimerait atteindre à l'aide d'une carte. Il peut également sélectionner manuellement la manoeuvre de navigation souhaitée parmi un ensemble limité de manoeuvres préalablement implémentées sur le module semi-autonome. Ces données, généralement entachées d'incertitudes, sont traitées par le module semi-autonome afin d'en extraire une manoeuvre ou une destination candidate. La première génération de fauteuils roulants intelligents a utilisé cette approche (Simpson et al., 2002; Simpson et Levine, 1999, 1997; Levine et al., 1999). Des approches dites de sélection automatique basées généralement sur le contexte de navigation et l'historique des signaux de contrôle ont été rapportées. Ainsi, une méthode de modélisation de la réponse au stimulus (van Kuijk et al., 2009) a été utilisée dans (Levine et al., 1994). Elle consiste à perturber intentionnellement le signal de contrôle du pilote humain et à modéliser sa réaction en présence de cette perturbation (Levine et al., 1999). Le modèle obtenu est utilisé pour sélectionner une des manoeuvres suivantes : passage de porte, suivi de mur et suivi de deux murs parallèles (un corridor). Les résultats rapportés avec cette méthode sont encourageants. Par exemple, une seule perturbation permet de savoir si le pilote humain utilisant une manette de contrôle voudrait traverser un local avec ou sans suivi de mur. L'expérience a été menée avec deux personnes. La faiblesse principale de ces méthodes est le manque de robustesse et le manque de répétabilité qui sont dus à la complexité de modéliser correctement le comportement du pilote afin d'en déduire raisonnablement la destination ou la manoeuvre souhaitée. C'est pourquoi récemment, Zeng (Q. Zeng, 2008) a proposé un système de contrôle collaboratif simple et peu coûteux à réaliser et qui est basé sur le concept de guidage virtuel. Au lieu de vouloir absolument modéliser les signaux du pilote, Zeng émet l'hypothèse qu'il serait plus bénéfique pour le module semi-autonome et pour le pilote de laisser tous les aspects de planification de trajectoires au pilote humain. Le rôle du module semi-autonome serait donc celui d'assistance simple. Ce système reprend et améliore le concept de guidage par cibles fiduciaires installées dans l'environnement de navigation de la plate-forme, formulé par Wakaumi (H. Wakaumi et Matsumura, 1992). Avant de commencer une tâche de navigation, le pilote reproduit sur une carte virtuelle, la trajectoire désirée en tenant compte évidemment des dangers présents. Le rôle du module semi-autonome consiste donc à guider le pilote tout au long de la trajectoire préassignée en tenant compte des signaux de contrôle émis par ce dernier. L'avantage d'un tel système réside dans sa simplicité de conception, car nul besoin de capteurs extéroceptifs de proximité et surtout de traitement de données compliqué. Il n'est plus nécessaire d'estimer la destination ou la manoeuvre souhaitée par le pilote. Par contre, l'usage d'une telle approche se limite à des pilotes ayant toutes leurs capacités de planification de trajectoires et de perception de dangers.

La seconde classe de méthodes fait appel à des approches d'estimations probabilistiques de plans du pilote. Parmi les méthodes les plus utilisées figurent les méthodes bayésiennes pures et les modèles de Markov.

En considérant que toutes les destinations du pilote sont connues, l'approche bayésienne consiste à estimer la destination la plus probable en fonction de fonctions de distribution de probabilité préalablement établies. Ainsi, Demeester a proposé une modélisation probabilistique des séquences de signaux du pilote en fonction du contexte de navigation, des signaux de contrôle antérieurement émis et du modèle de prédiction des signaux ultérieurs (Demeester *et al.*, 2003). Cette approche a été reprise et améliorée par Huntemann (A. Huntemann et al., 2007) et Simpson (Simpson et Levine, 1996). La capacité de cette approche à estimer correctement la destination du pilote dépend fortement du modèle de prédiction des signaux de contrôle.

Parmi les méthodes de modélisation basées sur les chaînes de Markov cachées figurent la méthode de processus de décision markovien partiellement observable (POMDP) et les processus de décision markoviens (MDP). Doshi (Doshi et Roy, 2008) a utilisé le modèle POMDP afin de modéliser l'interaction entre un pilote et un module semi-autonome de navigation. Dans son approche, le pilote fournit des commandes vocales dans un environnement sonore normal (ambiance de résidence de personne). En tenant compte des incertitudes de localisation et d'échantillonnage de la voix, le système a été en mesure de reconnaître correctement les commandes contenues dans les phrases prononcées par le pilote dans la plupart des cas. Une fois les commandes de navigation reconnues, le module semi-autonome est responsable de toutes les tâches de navigation. Par ailleurs, l'auteur a démontré que plus le pilote interagissait avec le système de reconnaissance vocale, mieux était le taux d'exécution de bonnes manoeuvres. L'aspect partage du contrôle de système proposé vient du fait que l'usager peut intervenir n'importe quand lors d'exécution de manoeuvres pour la modifier ou carrément changer de consigne. Lorsque l'espace de navigation (espace d'état) est grand, cette approche nécessite beaucoup de temps pour rechercher une solution. Afin de pallier ce problème, plusieurs auteurs ont suggéré des méthodes basées sur la décomposition hiérarchique des espaces d'états et d'observations (Tao *et al.*, 2009; Foka et Trahanias, 2007; Hansen et Zhou, 2003). Toutes les approches markoviennes précédemment mentionnées font usage de données en provenance de l'environnement immédiat de la plate-forme mobile. Cet environnement est généralement représenté par le local dans lequel se trouve la plate-forme. Taha (T. Taha et Dissanayake, 2007; Taha *et al.*, 2008) a proposé une extension à ces modèles pour tenir compte de l'estimation d'une destination se trouvant dans un autre local différent de celui dans lequel est situé la plate-forme. Son approche vise à amener l'usager à s'occuper de la planification globale, tandis que le module semi-autonome s'occupe de la planification et de l'exécution de manoeuvres locales. Cependant, la méthode proposée souffre également des mêmes limitations qu'ont les précédentes méthodes. Aucune évidence réelle des avantages d'une telle approche par rapport aux approches markoviennes locales n'a été démontrée.

2.3.2 Approche fusion du contrôle partagé

L'approche fusion tente de trouver une loi de commande qui combinerait les signaux de contrôle du pilote humain et du module semi-autonome lors de l'exécution d'une tâche de navigation locale. Aucun modèle de prédiction à court ou à moyen terme n'est requis. Étant donné la configuration courante de la plate-forme et le contexte de dangers entourant celle-ci, le pilote humain et le module semi-autonome proposent individuellement un signal de contrôle. Le principal problème à résoudre avec l'approche fusion du contrôle partagé est de trouver une loi de commande permettant de combiner les deux types de signaux de contrôle de façon à ce que l'application du signal résultant (signal fusionné) entraîne le moins possible, la plate-forme dans une situation dangereuse. Ce faisant, il faudrait éviter des situations dans lesquelles les deux types de signaux ont des effets contraires sur le déplacement de la plate-forme. En effet, l'on pourrait imaginer que devant un danger (par exemple un obstacle), le module semi-autonome propose un contournement par la droite alors que visiblement, le pilote préfère effectuer la même manoeuvre du côté gauche. C'est une approche dite réactive en opposition à l'approche cascade qui doit planifier à court ou moyen terme les manoeuvres de la plate-forme mobile. Parikh (Parikh *et al.*, 2004) a proposé un schéma d'attribution de priorité à chacun des deux agents (pilote ou module semi-autonome) en fonction du risque de collision de la plate-forme. Le module semi-autonome est construit en utilisant une méthode de champs potentiels artificiels pour l'évitement d'obstacles (Latombe, 1993). Toutefois, en présence d'un danger, le signal de contrôle résultant est une projection orthogonale du signal de contrôle du pilote sur l'axe perpendiculaire au gradient descendant du champ potentiel artificiel. Compte tenu du fait que la direction du signal de contrôle du pilote n'est pas considérée au moment de générer le vecteur directeur, il peut arriver des cas où le signal résultant conduit la plate-forme dans une direction opposée à celle du pilote. Ce qui n'est pas nécessairement souhaitable. Récemment, Urdiales (Urdiales *et al.*, 2007) a également utilisé la méthode de champs potentiels artificiels pour bâtir un module semi-autonome dans une application de contrôle collaboratif de fauteuil roulant motorisé impliquant un pilote humain. Ce module comprend également trois manoeuvres : suivi de mur, passage de porte et déplacement dans un corridor. Le signal de contrôle résultant est une somme pondérée des signaux de chaque agent. Les poids sont déterminés d'après un critère d'efficacité tenant principalement compte de la proximité des obstacles. Aucun mécanisme de sélection de manoeuvres n'a été présenté, ce qui suppose qu'elle se fait manuellement. Par ailleurs, le fait de ne pas prendre en considération le signal du pilote lors de l'élaboration du signal du module semi-autonome fait en sorte que le pilote humain a parfois l'impression que l'apport du module semi-autonome est inefficace. Afin d'évaluer cette inefficacité, les auteurs ont défini un critère de désaccord comme étant l'angle entre les vecteurs représentant les deux signaux de contrôle. Une version adaptative du même système a été par la suite proposée afin de pallier cette insuffisance (Urdiales *et al.*, 2009). La méthode de raisonnement par cas (CBR) est l'approche d'adaptation utilisée (Aamodt et Plaza, 1994). Les résultats préliminaires indiquent une amélioration, cependant aucune comparaison tangible n'est fournie.

Dans l'optique d'intégrer la capacité du pilote humain à manoeuvrer un fauteuil roulant motorisé dans la conception du module semi-autonome, Fernandez (Fernandez-Carmona *et al.*, 2009) a utilisé des signaux biométriques dans le système collaboratif proposé par Urdiales et dont nous avions fait mention ci-dessus. Ces signaux biométriques sont sélectionnés de façon à quantifier le niveau d'anxiété du pilote pendant l'exécution des manoeuvres. Étant donné que le signal de collaboration est une somme pondérée des signaux des agents, le poids du signal du pilote est inversement proportionnel au niveau d'anxiété estimée. La faisabilité d'une telle approche a été démontrée avec des sujets sains, cependant l'impact réel de la prise en compte de l'état d'anxiété par l'intermédiaire de mesures biométriques n'a pas été prouvé.

2.4 Limitation des différentes approches

La revue bibliographique présentée dans la section précédente comporte certaines limitations lorsqu'il s'agit de contrôle partagé impliquant un humain. Nous analysons ces limitations en tenant compte des principes fondamentaux des problèmes de décision. Par ailleurs, étant donné que les aides techniques à la mobilité constituent un champ d'application intéressant, nous analysons également les limitations des approches qui y ont été mentionnées.

La théorie fondamentale sur les problèmes de décision considère que les agents sont rationnels et que les fonctions de gain (ou inversement les fonctions de coût) sont complètement définies. Ces deux hypothèses sont vérifiables quand les agents ne sont pas des êtres humains. Lorsqu'au moins un des agents est un humain, ces hypothèses sont en général difficiles à vérifier pour les raisons suivantes :

– la complexité du processus cognitif qui soutend les prises de décision chez l'humain n'est pas simple à modéliser (DJ Barraclough et Lee, 2004) ;

– dans les applications où la dynamique des interactions entre les agents varie dans dans le temps, il est difficile de s'assurer que l'agent humain est toujours rationnel (Walton ME et MF., 2004) ;

– la complexité des interactions avec l'environnement et la difficulté de modéliser le processus de décision chez l'humain font en sorte qu'une description formelle des interactions entre lui et son environnement est non triviale à obtenir.

L'analyse du formalisme de guidage virtuel de Rosenberg nous révèle qu'il inhibe toute initiative décisionnelle propre au module semi-autonome de la plate-forme robotique. C'est donc l'agent humain qui décide et exécute les tâches avec l'aide du module semi-autonome. Cette limite vaut également pour les plates-formes robotiques chirurgicales. Par contre, un pilote humain d'une aide technique à la mobilité a besoin plus que d'une fonctionnalité de guidage. En effet, étant non expert du pilotage, un apport substantiel et actif du module semi-autonome l'aiderait à surmonter ses difficultés d'exécution de certaines manoeuvres difficiles.

Lorsque nous examinons l'état de la recherche concernant le contrôle partagé des aides techniques à la mobilité, nous constatons qu'aucune méthode prenant en comptes toutes les situations de dangers dans un environnement de navigation n'est présentée. Dans le cas de l'approche cascade du contrôle partagé, la capacité d'éviter tout danger repose uniquement sur l'aptitude du système sensoriel de la plate-forme robotique à détecter de tels dangers. Les contraintes pratiques telles que les contraintes technologiques dues à la limitation des capteurs, les contraintes géométriques dues à la configuration physique de la plate-forme ne permettant pas l'installation de ces capteurs partout et les contraintes de coût sont autant de raisons faisant en sorte que le système sensoriel ne peut détecter tous les dangers. Lorsque nous considérons l'approche fusion du contrôle partagé, il est clair qu'elle hérite des mêmes limitations que celles mentionnées pour l'approche cascade. Par ailleurs, la plupart des méthodes présentées considèrent toujours que le pilote est rationnel, ce qui n'est pas nécessairement le cas en pratique. En effet, certaines affections des systèmes musculosquelettiques et neurologiques (par exemple : la myasthénie) induisent chez des personnes atteintes, une baise d'attention et de motricité lors de séances de pilote prolongées. Dans des situations pareilles, il est clair qu'une prise en compte de l'aptitude du pilote à éviter les dangers rendrait globalement plus sécuritaire le pilotage de telles plates-formes.

2.5 Conclusion

La problématique de contrôle partagé d'une plate-forme robotique mobile s'inscrit dans la catégorie plus générale de problèmes de décisions stratégiques. La théorie de jeux constitue un formalisme adéquat pour l'étude de tels problèmes. Cependant, les deux hypothèses de base concernant la rationalité des agents et la connaissance a priori de toutes les fonctions de gains ou de coûts sont difficiles à vérifier lorsqu'un des agents impliqués dans la problématique est un humain. Afin de contourner une partie de ces difficultés, plusieurs auteurs ont proposé des approches dites réactives (par opposition aux approches avec planification sur plusieurs étapes). L'approche fusion qui fait partie de cette catégorie de méthodes ne prend pas en considération ni l'aptitude à l'évitement de dangers du pilote humain ni les limitations intrinsèques du système extéroceptif installé sur la plate-forme.

CHAPITRE 3

CONCEPT D'ARCS RÉFLEXES MÉCANIQUES POUR LA NAVIGATION

3.1 Introduction

Dans le contexte de design d'un système d'assistance à la navigation, il est important de savoir ce que le pilote entreprend comme manoeuvre afin de pouvoir l'aider adéquatement. Par exemple, un système d'assistance à l'évitement de dangers ne devrait pas empêcher un pilote qui voudrait s'approcher sans entrer en contact avec un danger, de le faire. Au même moment, ce même système doit être en mesure d'initier une manoeuvre d'évitement du danger lorsqu'une rencontre est imminente.

Le contrôle d'une plate-forme mobile par un pilote humain dans un environnement restreint comporte généralement des opérations de navigation répétitives. Le pilote a tendance à réagir de manière similaire dans des contextes de dangers semblables. La similarité des réactions devant des contextes de dangers semblables offre la possibilité de constituer des associations entre les réactions et les contextes de dangers. Ces associations permettent de construire une représentation concise de la manière dont le pilote conduit la plate-forme dans l'environnement. Parfois, lorsque les réactions du pilote sont jugées dangereuses, il est intéressant de trouver des réactions de substitut. Les associations réactions et contextes de dangers peuvent alors être mises à contribution afin de déterminer la manière dont le pilote aurait dû réagir face au contexte de dangers.

Dans ce chapitre, nous proposons le concept d'arcs réflexes mécaniques représentant des associations entre les réactions du pilote et les contextes de dangers dans la section 2. Nous montrons comment identifier ces arcs réflexes mécaniques à partir des tâches de navigation exécutées par le pilote dans la section 3. Dans la section 4, nous proposons un nouvel algorithme efficace de classification ne requérant ni la connaissance préalable du nombre de classes, ni la connaissance du nombre d'exemplaires à classer. L'avantage de cet algorithme est de permettre une construction évolutive de la bibliothèque des arcs réflexes mécaniques au fur et à mesure que le pilote exécute des tâches de navigation. Une validation théorique et une étude comparative sont présentées dans la section 5. Nous concluons ce chapitre dans la section 6.

3.2 Arcs réflexes mécaniques

Afin de permettre à la plate-forme de réagir rapidement devant une situation donnée, par exemple dans un espace très contraint, il est proposé d'observer dans un premier temps la façon dont un pilote arrive dans de pareilles situations à diriger la plate-forme. Dans un second temps, ces observations sont organisées de façon à pouvoir les mettre à contribution plus tard lorsque des situations similaires se présenteront et que les signaux de contrôle du pilote ne seront pas sécuritaires.

En l'absence d'interférence sur le contrôle du pilote, si un contexte de dangers l'amène à produire des réactions similaires, alors il est possible d'associer ce contexte et les réactions similaires. Cette association a l'avantage de permettre à la plate-forme de réagir rapidement dans un contexte, car aucune opération de calcul longue et compliquée n'est requise. Les caractères de rapidité, d'association contexte de dangers - réponse motrice et de stéréotype sont les mêmes qui permettent de définir un réflexe biologique (Longtin et Derome, 1986; Okuno *et al.*, 1996; Freeman, 2007). Nous proposons de définir un réflexe mécanique comme une réaction de mouvement stéréotypée et immédiate à un contexte de dangers. L'association entre un contexte de dangers et une réaction stéréotypée est appelée *arc réflexe mécanique*.

La figure 3.1 illustre les différentes composantes d'un arc réflexe mécanique. Le contexte de dangers est acheminé à une unité d'identification et sur la base d'un critère de similitude un réflexe est associé.

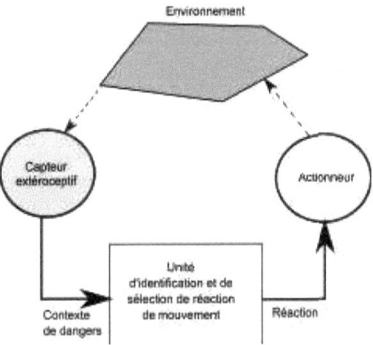

Figure 3.1 Exemple d'arc réflexe mécanique

3.2.1 Table relationnelle simple

Une manière de construire l'unité d'identification et de sélection de réflexes (UISR) serait de créer manuellement une table dans laquelle sont enregistrés les contextes de dangers et les réactions correspondantes. Un exemple typique est représenté par la table relationnelle 3.1. Dans cette table, chaque ligne représente un arc réflexe mécanique. Le concepteur de cette table a identifié N_R arcs réflexes mécaniques en observant, par exemple, un pilote naviguer seul avec une plate-forme. O_i^j représente l'observation i (mesure télémétrique) de l'arc réflexe j. v_j et ω_j représentent respectivement les vitesses de translation et de rotation à acheminer aux actionneurs lorsque la séquence d'observations correspondant au réflexe j, c'est-à-dire $O_1^j, O_2^j, ..., O_{N_O}^j$, aurait été sélectionnée comme étant la plus proche d'une séquence reçue par cette unité.

Tableau 3.1 Table relationnelle simple pour contexte de dangers-réaction de mouvement

	Réaction de mouvement	Contexte de dangers
1	v_1, ω_1	$O_1^1, O_2^1, ..., O_{N_O}^1$
2	v_2, ω_2	$O_1^2, O_2^2, ..., O_{N_O}^2$
3	v_3, ω_3	$O_1^3, O_2^3, ..., O_{N_O}^3$
...	...	...
N_R	v_{N_R}, ω_{N_R}	$O_1^{N_R}, O_2^{N_R}, ..., O_{N_O}^{N_R}$

La méthode de la table relationnelle présente les inconvénients suivants :
- la difficulté d'identifier de façon manuelle, les arcs les plus représentatifs des tâches de navigation ;
- l'absence de mécanisme permettant de rajouter automatiquement de nouveaux arcs réflexes mécaniques. En effet, une fois que les arcs sont identifiés, la table reste statique alors que le contexte de navigation peut changer. Ce changement de contexte peut amener le pilote à produire des réactions de mouvement non identifiées dans la table statique précédente.

Nous proposons donc une approche adaptative de construction de l'UISR qui requiert peu d'interventions du concepteur et qui est basée sur les techniques d'agrégation non supervisées.

3.2.2 Construction pratique d'une base de données d'arcs réflexes mécaniques

Les arcs réflexes mécaniques collectés sont regroupés dans une base de données qui peut être partitionnée en plusieurs classes. Les exemplaires appartenant à la même classe sont homogènes. Le caractère homogène est mesurable par une fonction de similitude propre au domaine d'application. Par exemple, la fonction de distance euclidienne est très utilisée dans les applications de navigation dans un plan.

Afin de construire l'UISR, nous nous intéressons à la manière dont le pilote seul navigue sécuritairement dans un environnement contraint. Le rôle du module semi-autonome se résume simplement à celui de garde-fou afin d'interférer le moins possible avec les signaux de contrôle du pilote. La fonctionnalité de garde-fou consiste à arrêter, sans changer de direction, le déplacement de la plate-forme en présence d'un danger de S_{hm} ou de S_m. Toutes les données qui sont recueillies pendant que la plate-forme est immobilisée sous l'action de la fonctionnalité de garde-fou ne sont pas utilisées.

À chaque instant n, la plate-forme se déplace sous l'action du signal de contrôle du pilote $U_h(n) = [v_h(n), \omega_h(n)]'$. $v_h(n)$ et $\omega_h(n)$ sont respectivement les vitesses de translation et de rotation commandées.

Lorsque la plate-forme se déplace, son système de capteurs extéroceptifs perçoit des observations $O(n) = [O_1(n), O_2(n), O_3(n), ..., O_{N_O}(n)]$. N_O est le nombre d'observations à un instant n.

Un exemplaire de la base de données est une séquence de données :

$$I(n) = [v_h(n), \omega_h(n), O_1(n), O_2(n), O_3(n), ..., O_{N_O}(n)]$$

Par exemple, $I(n)$ est une ligne de la table 3.1.

3.2.3 Partitionnement de la base de données

Une des techniques couramment utilisées pour réaliser une classification avec le minimum de supervision est la méthode de partitionnement de données en groupes homogènes. Plusieurs algorithmes de partitionnement hors ligne ont été rapportés dans la littérature : *K-moyennes, agrégation floue K-moyennes, agrégation basée sur les fonctions de densité* et *agrégation basée sur les fonctions de densité soustractives* (Lv *et al.*, 2006; Lourenco et Fred, 2005; Liu *et al.*, 2005). Une étude comparative de ces algorithmes a été présentée par Dehuri (Dehuri *et al.*, 2006). Il ressort de cette étude qu'en général, l'algorithme de K-moyennes produit des résultats plus précis et plus rapides que les trois autres algorithmes. Cependant, l'algorithme de K-moyennes requiert que le nombre de classes soit connu au préalable. Dans l'application qui nous intéresse, il serait souhaitable d'utiliser une approche qui découvre automatiquement le nombre de classes pour les raisons suivantes :

– les changements de contexte de navigation dans l'environnement requièrent que le pilote adapte sa conduite. Cette adaptation pourrait se traduire par l'apparition de nouvelles classes ;

– la grande quantité de données fait en sorte qu'il serait plus efficace d'utiliser une méthode de découverte automatique de classes.

Les algorithmes d'agrégation basée sur le calcul de fonctions de densité soustractives ne requièrent pas la connaissance a priori du nombre de classes. Il a été prouvé que l'algorithme d'agrégation basée sur le calcul de fonctions de densité soustractives est plus rapide en termes de calcul que celui d'agrégation basée sur le calcul de fonctions de densité. Cependant, cet algorithme ne fonctionne qu'en mode hors-ligne. En effet, tous les exemplaires doivent être présents dans la base de données avant de l'utiliser. Cette contrainte rend difficile son utilisation, car à chaque fois qu'un nouvel exemplaire est enregistré dans la base de données, tout le processus de classification est à recommencer. C'est pourquoi nous proposons une nouvelle méthode d'agrégation basée sur le calcul de fonctions de densité soustractives et permettant de procéder à une classification en ligne sans augmenter la complexité de calcul. Nous l'avons nommé *méthode itérative d'agrégation en ligne*. Avant de présenter notre algorithme, nous introduisons l'algorithme d'agrégation basée sur le calcul de fonctions de densité soustractives.

3.2.4 Algorithme d'agrégation basée sur le calcul de fonctions de densité soustractives

L'algorithme d'agrégation basée sur le calcul de fonctions de densité soustractives a été proposé pour la première fois par Chiu (Chiu, 1994b,a). Le coeur de l'algorithme repose sur le calcul d'une valeur de potentiel associée à chaque exemplaire $I(n)$ de la base de données. Le calcul de cette valeur prend en considération une mesure de similitude. Une valeur élevée de potentiel est un indicateur que l'exemplaire concerné représenterait un sous-ensemble d'exemplaires similaires.

Pour une collection de N_I exemplaires, la valeur du potentiel $P^I(I(n))$ de l'exemplaire $I(n)$ est donnée par :

$$P^I(I(n)) = \sum_{i=0}^{N_I-1} e^{-4\frac{d(I(n),I(i))^2}{r_a^2}} \qquad (3.1)$$

où $d(I(n), I(i))$ est une mesure de similitude entre deux exemplaires de la base de données. Dans son article, Chiu (Chiu, 1994a) a utilisé la distance euclidienne pour mesurer la similitude entre les exemplaires. r_a est un paramètre qui permet de fixer le rayon d'influence des autres exemplaires sur l'exemplaire $I(n)$.

La première étape de l'algorithme consiste donc à déterminer le potentiel de chaque exemplaire $I(n)$ en utilisant l'expression 7.2. Ainsi,

$$P^I(I(n), 0) = P^I(I(n)) \tag{3.2}$$

Le paramètre 0 indique que le potentiel est obtenu à la première étape.

À l'issue du calcul de tous les potentiels, l'exemplaire $I^*(n)$ ayant le potentiel le plus élevé $P^I(I^*(n), 0)$ est considéré comme le centre de la première classe.

Dans les étapes subséquentes, tous les potentiels sont mis à jour de la façon suivante :

$$P^I(I(n), t) = P^I(I(n), t-1) - P^I(I^*(n), t-1) \times \sum_{i=0}^{N_I - 1} e^{-4 \frac{d(I^*(n), I(i))^2}{r_b^2}} \tag{3.3}$$

où r_b est une constance positive.

Une fois la mise à jour terminée, l'exemplaire $I^{**}(n)$ ayant le potentiel le plus élevé $P^I(I^{**}(n), t)$ est considéré comme le centre d'une nouvelle classe si :

$$P^I(I^{**}(n), t) > \epsilon \times P^I(I^*(n), t-1) \tag{3.4}$$

où $\epsilon \in]0, 1]$.

3.3   Méthode itérative d'agrégation en ligne

Supposons que $N_C(n)$ est le nombre de classes identifiées à l'instant n par la méthode d'agrégation basée sur le calcul de fonctions de densité soustractive. Chaque classe $C_i, i = 1, ..., N_C$ est représentée par un exemplaire I_{C_i}. Lorsqu'un nouvel exemplaire $I(n)$ est enregistré, les contributions de son potentiel à chacune des classes existantes sont calculées en utilisant la formule :

$$P^I_{C_i} = e^{-4 \frac{d(I_{C_i}, I(n))^2}{r_a^2}}, i = 1, ..., N_C \tag{3.5}$$

Considérons $P^I_{C^*} = max \left\{ P^I_{C_i}, i = 1, ..., N_C \right\}$. Supposons que P^I_{min} soit le potentiel minimal qu'exemplaire doit avoir afin de considérer sa contribution au potentiel de I_{C_i} comme étant significative.

Cas 1 : $P^I_{C^*} > P^I_{min}$

Si $P^I_{C^*} > P^I_{min}$ alors, classer $I(n)$ comme appartenant à C^*. Comme la classe C^* est modifiée avec l'ajout d'un nouvel élément, alors le centre de cette classe peut être mis à jour. Notons que cette opération n'est pas obligatoire.

Mise à jour du centre de classe

Supposons que $I_{C^*}(j), j = 1, ..., N_I^{C^*}$ soient des exemplaires de classe C^* et que $N_I^{C^*}$ soit le nombre d'exemplaires de la classe C^*. Pour tout $I_{C^*}(j)$:

$$P^I(I_{C^*}(j)) = \sum_{k=1}^{N_I^{C^*}} e^{-4\frac{d(I_{C^*}(j),I_{C^*}(k))^2}{r_a^2}} \tag{3.6}$$

L'exemplaire dont le potentiel $P^I(I_{C^*}(j))$ est le plus élevé est considéré comme le représentant de la classe C^*.

Cas 2 : $P_{C^*}^I \leq P_{min}^I$

Dans le cas où $P^I(C^*) \leq P_{min}^I$ alors le nouvel exemplaire $I(n)$ trop différent (d'après le critère de similitude utilisé) pour appartenir à une des classes existantes. Cependant, elle est toute seule pour former une classe à part entière. C'est pourquoi $I(n)$ sera placé dans une classe spéciale des exemplaires non classés nommée C_{NC}.

Sélection d'une nouvelle classe

Lorsque le nombre d'exemplaires dans la classe C_{NC} est suffisant, la procédure de mise à jour est utilisée en considérant C_{NC} à la place C^*. Le nombre minimal d'exemplaires dans C_{NC} dépend de l'application. En général, nous avons observé qu'un nombre aussi peu que 3 est suffisant. L'exemplaire de C_{NC} ayant obtenu le potentiel le plus élevé est alors choisi comme le centre d'une nouvelle classe.

Tous les autres exemplaires de C_{NC} dont la contribution de potentiel en considérant le centre de la nouvelle classe est supérieure à P_{min}^I sont classés comme membre de cette nouvelle classe. Ceux dont la contribution du potentiel est inférieure à P_{min}^I demeurent dans C_{NC}.

Récapitulatif de la méthode itérative d'agrégation en ligne

Supposons que $N_C(n)$ est le nombre de classes avant la classification du nouvel exemplaire $I(n)$. Chaque classe est représentée par $I_{C_i}, i = 1, ..., N_C(n)$. Soit C_{NC} la classe des exemplaires non classés. Considérons que P_{min}^I soit le potentiel minimal qu'un exemplaire doit posséder pour que sa contribution au potentiel de I_{C_i} soit significative. La méthode d'agrégation itérative procède comme suit :

1. Calculer la contribution du potentiel $P_{C_i}^I$ par rapport à chaque classe.

2. Calculer : $P_{C^\star}^I = max\left\{P_{C_i}^I, i = 1, ..., N_C\right\}$.

3. Si $P_{C^\star}^I > P_{min}^I$ alors,

   (a) classer $I(n)$ comme membre de la classe $C^\star$.

   (b) mettre à jour l'exemplaire représentant la classe $C^\star$.

4. Si $P_{C^\star}^I \leq P_{min}^I$ alors,

   (a) classer $I(n)$ comme membre de la classe C_{NC}.

   (b) si le nombre d'exemplaires de C_{NC} est suffisant, alors mettre à jour l'exemplaire représentant cette classe.

   (c) l'exemplaire représentant C_{NC} est considéré comme étant le centre de la nouvelle classe $C^{\star\star}$. Cet exemplaire est désigné par $I_{C^{\star\star}}$.

   (d) tous les exemplaires de C_{NC} dont le potentiel par rapport à $I^{\star\star}(n)$ est supérieur à P_{min}^I sont classés comme membre de $C^{\star\star}$.

3.4 Simulation et étude comparative

3.4.1 Description d'un scénario de navigation

Considérons une plate-forme mobile se déplaçant dans un couloir non rectiligne comme l'illustre la figure 3.2. Le système extéroceptif est formé de trois capteurs de proximité notés L_0, L_1 et L_2. Lorsqu'un capteur détecte un danger, il renvoie la valeur "0" au module semi-autonome installé sur la plate-forme. Dans le cas contraire, la valeur "1" est renvoyée. Un pilote humain est chargé de diriger seul la plate-forme grâce à une modalité de contrôle fournissant les commandes de vitesses linéaires et angulaires suivantes :

  – $(0,0)$ pour arrêter ;
  – $(1,0)$ pour avancer en ligne droite ;
  – $(0,1)$ pour tourner sans avancer dans le sens antihoraire ;
  – $(0,-1)$ pour tourner sans avancer dans le sens horaire.

Un référentiel fixe formé de deux axes x et y permet de repérer la plate-forme dans l'environnement de navigation. La plate-forme est initialement à $(5,5)$. Lors de son déplacement et à chaque position occupée (x, y), les valeurs des capteurs L_0, L_1 et L_2 ainsi que les commandes de vitesses sont enregistrées.

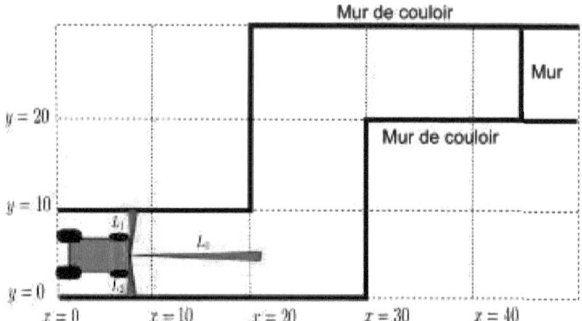

Figure 3.2 Application de la méthode itérative d'agrégation en ligne lors d'un déplacement dans un couloir non rectiligne

À un instant donné n, un exemplaire $I(n)$ est formé par les données suivantes :
– les commandes de vitesses linéaire et angulaire du pilote : $v(n)$ et $\omega(n)$;
– les données des 3 capteurs ;

Le tableau suivant représente l'ensemble des exemplaires enregistrés ainsi que les différentes positions. La plate-forme avance jusqu'à la position $(24, 5)$ et tourne dans le sens anti-horaire. Une fois rendu à la position $(26, 7)$, elle avance tout droit jusqu'à la position $(26, 25)$. Elle tourne de nouveau dans le sens horaire et avance jusqu'à un arrêt complet à la position $(41, 28)$.

3.4.2 Analyse visuelle des exemplaires

Une analyse visuelle nous permet de distinguer 4 groupes homogènes d'exemplaires correspondant aux quatre commandes disponibles. En effet :
– la commande $(0, 0)$ est toujours associée au triplet d'observations $(0, 0, 0)$;
– la commande $(1, 0)$ est toujours associée au triplet d'observations $(1, 0, 0)$;
– la commande $(0, 1)$ est toujours associée au triplet d'observations $(0, 1, 0)$;
– la commande $(0, -1)$ est toujours associée au triplet d'observations $(0, 0, 1)$;

La méthode itérative d'agrégation en ligne devrait être en mesure de découvrir ces quatre groupes comme étant des classes distinctes.

Tableau 3.2 Données enregistrées

n	x	y	v	ω	L_0	L_1	L_2
0	5	5	1	0	1	0	0
...		...	1	0	1	0	0
2	7	5	1	0	1	0	0
...	...	...	...	...	...	...	...
18	23	5	1	0	1	0	0
19	24	5	1	0	0	1	0
20	25	6	0	1	0	1	0
21	26	7	0	1	0	1	0
22	26	8	1	0	1	0	0
23	26	9	1	0	1	0	0
24	26	10	1	0	1	0	0
...	...	...	...	...	...	...	...
40	26	25	1	0	1	0	0
41	26	26	0	-1	0	0	1
42	27	27	0	-1	0	0	1
43	28	28	0	-1	0	0	1
44	29	28	1	0	1	0	0
45	30	28	1	0	1	0	0
...	...	...	...	...	...	...	...
50	40	28	1	0	1	0	0
51	41	28	0	0	0	0	0
...	...	...	...	...	...	...	...
55	41	28	0	0	0	0	0

3.4.3 Résultats

La distance euclidienne est utilisée comme mesure de similitude. Lorsque méthode itérative d'agrégation en ligne est appliquée, quatre classes sont effectivement trouvées. Ces classes sont mentionnées dans le tableau suivant :

Les classes trouvées sont cohérentes avec l'analyse visuelle effectuée précédemment.

3.4.4 Évolution dynamique du nombre de nouvelles classes trouvées

Afin d'analyser l'aspect concernant la reconnaissance itérative de cette méthode, nous présentons sur la figure 3.3 les classes trouvées en fonction des instants de navigation n.

Tableau 3.3 Classes découvertes

Classe	v	ω	L_0	L_1	L_2
1	1	0	1	0	0
2	0	1	0	1	0
3	0	-1	0	0	1
4	0	0	0	0	0

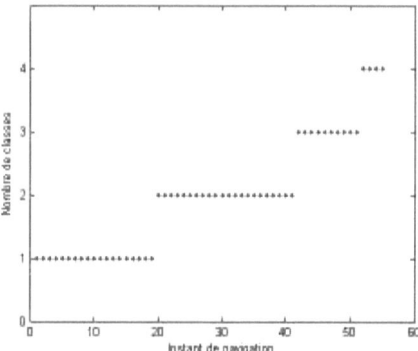

Figure 3.3 Évolution du nombre de classes par la méthode itérative d'agrégation en ligne

La classe 1 correspondant au mouvement d'avance simple est trouvé au début de la navigation. À l'instant $n = 20$, apparaît la classe 2 qui est associée à un mouvement de rotation simple dans le sens anti-horaire. D'après la table 3.2, le pilote commence à tourner à l'instant $n = 19$. L'instant d'après, une nouvelle classe correspondant à ce type de mouvement est constituée. Ce qui porte le nombre de classes trouvées à 2. Ce nombre de classes reste égale à 2 jusqu'à $n = 41$. Cependant, lorsque nous observons la figure 3.4, il est clair que la méthode itérative d'agrégation en ligne a attribué le numéro de classe 1 aux exemplaires entre $n = 22$ et $n = 40$. Cette attribution est tout à fait conforme avec le mouvement et le contexte de dangers en vigueur pendant cette période. En effet, d'après la table 3.2, le pilote utilise les mêmes commandes face aux mêmes observations que pendant la période s'échelonnant entre $n = 1$ et $n = 19$.

À partir de $n = 41$, une troisième classe est trouvée (figure 3.3). Cette classe est associée à la commande de rotation dans le sens horaire. Le nombre de classes restera inchangé jusqu'à l'instant $n = 50$. L'observation de la figure 3.4 montre que pendant la même période, les exemplaires associés aux instants de $n = 41$ jusqu'à $n = 43$ sont classés comme membres de la classe 3, tandis que les exemplaires associés aux instants de $n = 44$ à $n = 50$ sont classés comme menbres de la classe 1.

À $n = 51$, le pilote arrête le mouvement de la plate-forme. La méthode itérative d'agrégation en ligne découvre alors une quatrième classe comme l'illustre la figure 3.3. Sur la figure 3.4, tous les exemplaires de $n = 51$ à $n = 55$ sont classés comme membres de la classe 4.

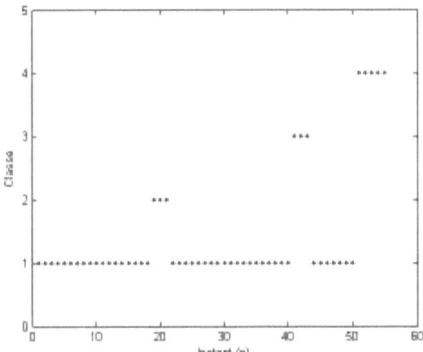

Figure 3.4 Évolution de la classification des exemplaires

Par ailleurs, dans le but d'évaluer les performances de cette méthode en terme d'identification de nouvelles classes, le scénario de navigation présenté précédemment est exécuté trois fois. La figure 3.5 montre que toutes les classes ont été identifiées dès la première exécution du scénario. Lors des exécutions subséquentes, aucune nouvelle classe n'est créée.

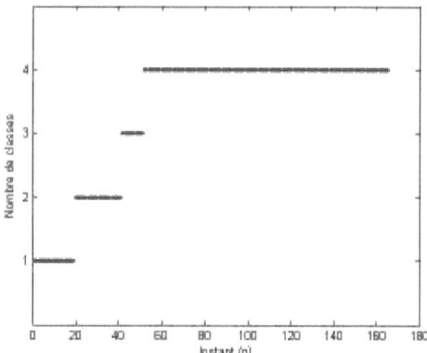

Figure 3.5 Nombre de classes lorsque le parcours est exécuté trois fois de la même manière

.

3.4.5 Étude comparative

Afin de déterminer les points forts et faibles de l'algorithme de classification en ligne, nous proposons dans cette section, une étude comparative entre l'algorithme classique d'agrégation par le calcul de fonctions de densité soustractives et la méthode itérative d'agrégation en ligne.

Une première étude au niveau de l'exactitude de la classification non supervisée suggère que les deux algorithmes produisent les mêmes classes sur la base de données de la table 3.2.

Une seconde étude concernant le temps de calcul de chaque algorithme a été effectuée. Afin de ne pas biaiser l'étude, la version officielle de l'algorithme d'agrégation basée sur le calcul de fonctions de densité soustractives incluse dans le logiciel Matlab est utilisée. Le nom de la fonction s'appelle "subclust". Notre algorithme a été aussi implémenté en Matlab.

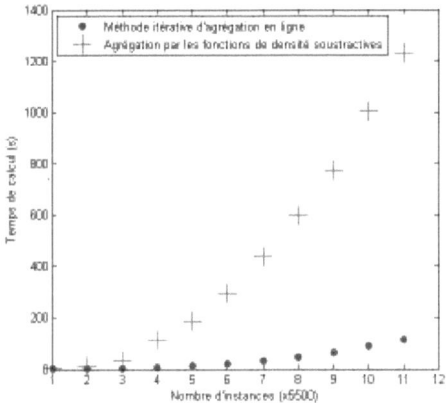

Figure 3.6 Temps de calcul des deux algorithmes

Les courbes de la figure 3.6 montrent que la méthode itérative d'agrégation en ligne est beaucoup plus rapide que celle de l'agrégation basée sur le calcul de fonctions de densité soustractives, quand le nombre d'exemplaires est élevé (plusieurs milliers). Cette rapidité est essentiellement due à la réduction du nombre de calculs de potentiel de chaque exemplaire par rapport aux classes existantes.

Les points faibles concernent la lenteur et la précision de classification comparativement à la méthode de *K-moyennes*.

3.5 Conclusion

L'exécution des tâches de navigation répétitives par le pilote permet de constituer des associations entre ses réactions et les contextes de dangers. Ces associations sont désignées par arcs réflexes mécaniques. Nous avons proposé une nouvelle approche permettant de partitionner un ensemble de données d'associations réactions-contextes de dangers qui n'exige pas les connaissances préalables du nombre de classes et du nombre d'exemplaires. La validation théorique a été réalisée en simulation. Une étude comparative de cet algorithme avec un autre couramment utilisé (agrégation basée sur le calcul de fonctions de densité soustractives) démontre sa rapidité d'exécution. Les arcs réflexes mécaniques sont utilisés lorsque les réactions du pilote sont inadéquates et qu'un substitut à ses réactions est requis. Une expérimentation détaillée est présentée dans le chapitre 4.

CHAPITRE 4

ARCS RÉFLEXES MÉCANIQUES POUR LA NAVIGATION : ÉTUDE EXPÉRIMENTALE

4.1 Introduction

Le concept des arcs réflexes mécaniques présenté dans le chapitre précédent sera utilisé par le module semi-autonome pour dégager la plate-forme aux prises avec une situation d'impasse. Cependant, la validation expérimentale de la méthode de collection et d'organisation de ces arcs doit être validée avant son intégration dans le module semi-autonome. C'est la raison pour laquelle, dans ce chapitre, nous présentons une étude sur la validation expérimentale du processus itératif de constitution de la bibliothèque des arcs réflexes mécaniques

Le reste du chapitre est subdivisé en trois sections. La section 2 est consacrée à la description de l'environnement expérimental. La section 3 présente les résultats expérimentaux. La section 3 est consacrée à la conclusion.

4.2 Environnement expérimental

4.2.1 Plate-forme robotique

La plate-forme expérimentale est un robot mobile à 4 roues motrices équipé d'un système odométrique et d'un télémètre laser placé en avant comme illustré sur la figure 4.1. Le télémètre laser joue le rôle du système extéroceptif du module semi-autonome. Sa zone de couverture est un demi-disque de $8m$ de diamètre et dont le centre coïncide avec le centre géométrique du télémètre. Le demi-disque est localisé dans le plan horizontal situé à $50cm$ de la surface de navigation. Les dangers sont constitués de tous les obstacles (corps physiques) présents dans l'environnement. Cependant, les dangers n'ayant aucun point d'intersection avec le demi-disque ne sont pas détectables par le système extéroceptif. Ces dangers n'appartiennent pas à S_m ou à S_{hm}. Un exemple de ce type d'obstacle est un objet posé sur la surface de navigation et dont la hauteur maximale est inférieure à $50cm$.

Le demi-disque de détection est constitué de 180 faisceaux lasers en raison d'un faisceau par degré d'angle. Il est subdivisé en 7 secteurs angulaires de 22.7 degrés chacun, nommés L_0, L_1,...,L_6. Afin de détecter les dangers éventuels, nous utilisons l'approche de grille d'occupation simplifiée présentée par Borenstein (Borenstein et Koren, 1991).

Un secteur $L_s, s = 0, ..., 6$ est considéré sans danger si la somme de toutes les distances de proximité des faiseaux laser du secteur est supérieure à $\alpha_L \times 205.7$, $\alpha_L \in]0,1[$. Le chiffre 205.7 correspond à la valeur maximale de la somme des distances de tous les faisceaux laser de ce secteur. En effet, $205.7 = 22.7 \times 8$. Une valeur de 1 est utilisé pour marquer un secteur sans danger, tandis qu'une valeur de 0 signifie que le secteur est potentiellement occupé par un danger.

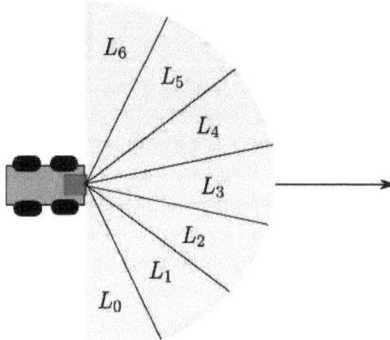

Figure 4.1 Représentation de la plate-forme et du système extéroceptif

4.2.2 Pilote humain et modalité de contrôle

Un pilote humain est une personne utilisant une manette de jeu d'ordinateur pour contrôler la plate-forme robotique. La manette de jeu comporte deux axes permettant de contrôler les vitesses de translation avant et arrière d'une part et les vitesses de rotation suivant le sens antihoraire ou suivant le sens horaire, d'autre part. Ces valeurs de commandes de vitesses sont normalisées.

4.2.3 Module semi-autonome

Le module semi-autonome est réduit à sa plus simple fonctionnalité : évitement de collisions avec arrêt complet. En effet, dans le but pratique d'assurer l'intégrité physique de la plate-forme, le module semi-autonome arrête toute progression vers un danger lorsque ce dernier se trouve très proche (distance de proximité minimale de $35cm$).

4.2.4 Scénario de navigation

L'environnement expérimental est illustré sur la photo ci-dessous. Divers objets faisant office de dangers sont placés dans l'environnement. Un couloir étroit et non rectiligne (largeur maximale moyenne de $85cm$) est érigé à l'aide de plaques de styromousse.

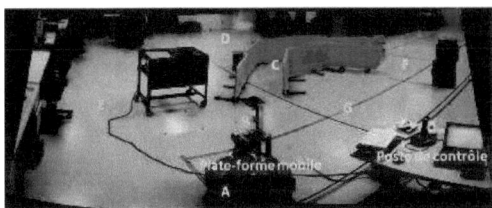

Figure 4.2 Photo panoramique de l'environnement de navigation

Le pilote peut se positionner physiquement n'importe où en arrière de la plate-forme afin de percevoir tous les dangers présents dans l'environnement. Une telle configuration pilote-capteurs extéroceptif fait en sorte que tous les dangers détectables par le système extéroceptif le sont aussi par le pilote.

Partant de la position de départ spécifiée par la lettre A, le pilote doit :

- traverser le couloir sans entrer en contact avec ses parois en passant par les points marqués B et C ;
- à la sortie du couloir, il doit tourner dans le sens anti-horaire et passer par les points D et E ;
- le pilote doit repasser par le couloir pour atteindre les points F, G et A.

La séquence de navigation proposée $(A, B, C, D, E, B, C, F, G, A)$ permet d'exposer le pilote à des contextes de dangers couramment rencontrés par des usagers de fauteuils roulants motorisés dans des édifices à logements ou à bureaux.

Quatre personnes ont piloté la plate-forme. Aucune période d'essais préalables n'est requise. Chaque personne décrit une fois le parcours précédemment mentionné. Toutes les données recueillies pendant que le module semi-autonome est actif (par exemple en empêchant la plate-forme de rencontrer un danger détecté) sont ignorées. La fréquence d'échantillonnage et de production des exemplaires est fixée à $10Hz$. Chaque exemplaire comporte les données suivantes :

- les signaux de contrôle du pilote : $v(n)$ et $\omega(n)$;
- les mesures d'occupation des secteurs : $L_s, s = 0, ..., 6$.

4.3 Résultats expérimentaux et discussion

4.3.1 Données générales

Les données suivantes ont été recueillies (tableau 4.1) :
- durée : la somme des durées de chaque séquence de navigation ;
- vitesse de translation moyenne v_{moy} et écart-type de la vitesse de translation σ_v ;
- vitesse de rotation moyenne ω_{moy} et écart-type de la vitesse de rotation σ_ω.

Nous avons utilisé les mêmes paramètres de classification pour tous les pilotes.

Tableau 4.1 Données recueillies

Pilote	Durée (s)	v_{moy}(m/s)	σ_v (m/s)	ω_{moy} (rad/s)	σ_ω (rad/s)
A	1000	0.33	0.20	0.02	0.21
B	657	0.38	0.21	0.02	0.24
C	700	0.41	0.20	0.06	0.27
D	602	0.83	0.32	0.16	0.58

Le tableau 4.1 montre que les caractéristiques cinématiques (vitesses linéaire et angulaire) des pilotes diffèrent beaucoup. Ces différences notables s'expliquent par le fait que chaque personne possède sa manière propre de conduire une plate-forme. La question est de savoir comment cette différence influence la classification en ligne des exemplaires.

4.3.2 Analyse et interprétation des classes d'exemplaires

Les tableaux 4.2, 4.3, 4.4 et 4.5 présentent les diférentes classes trouvées respectivement pour les pilotes A, B, C et D.

Définissons un contexte de dangers comme étant une suite de 0 et de 1 correspondant dans l'ordre à L_0, L_1, L_2, L_3, L_4, L_5 et L_6. $L_i, i = 0, ..., 6$ prend la valeur 0 s'il y a présence d'un danger. Dans le cas contraire, $L_i = 1$. $P_{min}^I = 10^{-30}$.

D'après les classifications obtenues, il y a trois contextes de dangers qui sont communs à tous les pilotes :
- contexte 0 : $0, 0, 0, 0, 0, 0, 0$;
- contexte 1 : $1, 1, 0, 0, 1, 1, 0$;
- contexte 2 : $0, 0, 1, 1, 1, 1, 1$.

Cependant, la réaction (signaux de contrôle moyens) diffère d'un pilote à l'autre, ce qui vient confirmer le fait que ces pilotes ont chacun leur propre façon de commander.

Tous les pilotes, devant une distribution spatiale de dangers partout autour de la plate-forme (contexte 0), ont tendance à avancer tout en tournant légèrement dans le sens anti-horaire. Le fait d'avancer pendant qu'il y a présence de dangers peut paraître inapproprié à première vue. En réalité, le seuil très élevé (par exemple, $4m$ de distance de proximité moyenne dans ces expériences) permettant de déterminer qu'un secteur est occupé et l'environnement de navigation parsemé de dangers font en sorte que les mesures de $L_i, i = 0, ..., 6$ sont souvent à 0. Par ailleurs, les pilotes ayant rapidement réalisé que la plate-forme mobile n'avait pas besoin d'une grande distance d'arrêt, se sont permis de s'approcher suffisamment des dangers avant des les contourner.

Devant un contexte de dangers suivant lequel il y a plus de dangers dans les secteurs médians en avant de la plate-forme (secteurs 2 et 3 occupés), les pilotes A et B ont tendance à tourner dans le sens antihoraire, tandis que les pilotes C et D préfèrent tourner dans le sens horaire. Cette différence de réaction face au danger est cohérente avec la réalité fréquemment observée lorsque des humains pilotent des fauteuils roulants. En effet, en présence d'un danger situé en avant de la plate-forme, certaines personnes préfèrent le contournement vers la gauche (sens antihoraire) et d'autres vers la droite (sens horaire). Il a été remarqué que quelques fois, la même personne utilisera les deux manières de contourner devant le même obstacle.

Lorsque les secteurs situés à droite de la plate-forme (secteurs 0, 1) sont occupés alors que les autres secteurs sont libres de dangers, tous les pilotes avancent en tournant vers la gauche (sens antihoraire). Cette situation est représentée par la classe 3 dans les tables 4.2, 4.3, 4.4 et 4.5.

Nous avons également constaté que l'algorithme de IIC produit plus de classes lorsque la vitesse moyenne est élevée. Une raison trouvée concerne le fait que le pilote qui conduit vite a tendance à s'approcher de trop près des dangers et à changer rapidement de direction pour éviter des rencontres avec ces dangers. Les plages de valeurs des attributs des exemplaires sont larges comparativement aux plages obtenues en conduite modérée.

Tableau 4.2 Classes identifiées pour le pilote A

Classe	v_{moy}(m/s)	ω_{moy} (rad/s)	L_0	L_1	L_2	L_3	L_4	L_5	L_6
1	0.25	0.01	0	0	0	0	0	0	0
2	0.33	-0.01	1	1	0	0	1	1	0
3	0.48	0.13	0	0	1	1	1	1	1

Tableau 4.3 Classes identifiées pour le pilote B

Classe	v_{moy}(m/s)	ω_{moy} (rad/s)	L_0	L_1	L_2	L_3	L_4	L_5	L_6
1	0.25	0.02	0	0	0	0	0	0	0
2	0.36	-0.09	1	1	0	0	1	1	0
3	0.57	0.14	0	0	1	1	1	1	1
4	0.39	-0.04	1	1	1	1	0	0	0

Tableau 4.4 Classes identifiées pour le pilote C

Classe	v_{moy}(m/s)	ω_{moy} (rad/s)	L_0	L_1	L_2	L_3	L_4	L_5	L_6
1	0.35	0.05	0	0	0	0	0	0	0
2	0.42	0.04	1	1	0	0	1	1	0
3	0.51	0.16	0	0	1	1	1	1	1
4	0.43	-0.02	1	1	1	1	0	0	0

Tableau 4.5 Classes identifiées pour le pilote D

Classe	v_{moy}(m/s)	ω_{moy} (rad/s)	L_0	L_1	L_2	L_3	L_4	L_5	L_6
1	0.88	0.05	0	0	0	0	0	0	0
2	0.95	0.06	1	1	0	0	1	1	0
3	0.80	0.73	0	0	1	1	1	1	1
4	0.69	0.07	1	1	1	1	1	0	0
5	0.83	-0.69	1	1	1	1	1	1	0

4.3.3   Construction itérative de la blibliothèque

Afin de valider l'aspect concernant la construction itérative de la bibliothèque, nous re-prenons le scénario de navigation présenté précédemment. Cette fois, la mesure d'occupation d'un secteur L_i peut prendre des valeurs entre 0 et 1. Un pilote décrit deux fois le parcours du scénario de test. Pour une valeur de $P^I_{min} = 10^{-10}$, les arcs réflexes mécaniques trouvés sont indiqués dans le tableau 4.6.

Tableau 4.6 Liste des arcs réflexes mécaniques

Numéro de ARM	v_{moy}(m/s)	ω_{moy}(rad/s)	L_0	L_1	L_2	L_3	L_4	L_5	L_6
0	0.12	0.04	0.31	0.30	0.34	0.45	0.42	0.17	0.29
1	0.05	0.00	0.67	0.69	0.22	0.90	0.90	0.16	0.17
2	0.38	0.26	0.77	0.78	0.89	0.86	0.67	0.67	0.69
3	0.07	-0.015	0.99	0.17	0.15	0.07	0.08	0.19	0.45
4	0.12	-0.26	0.03	0.79	0.17	0.19	0.23	0.19	0.32
5	0.27	-0.07	0.23	0.89	0.98	0.98	0.96	0.90	0.70
6	0.16	-0.17	0.23	0.76	0.79	0.34	0.23	0.23	0.20
7	0.27	0.00	0.34	0.23	0.36	0.39	0.77	0.67	0.89
8	0.25	-0.07	0.89	0.89	0.90	0.90	0.47	0.49	0.23
9	0.19	0.12	0.98	0.37	0.39	0.46	0.40	0.12	0.79
10	0.15	0.05	0.25	0.29	0.39	0.48	0.47	0.85	0.90
11	0.13	0.46	0.89	0.13	0.13	0.19	0.45	0.66	0.56
12	0.31	0.17	0.67	0.69	0.56	0.78	0.90	0.23	0.19
13	0.14	0.10	0.59	0.50	0.78	0.35	0.39	0.78	0.68
14	0.14	-0.10	0.90	0.50	0.70	0.75	0.39	0.20	0.08

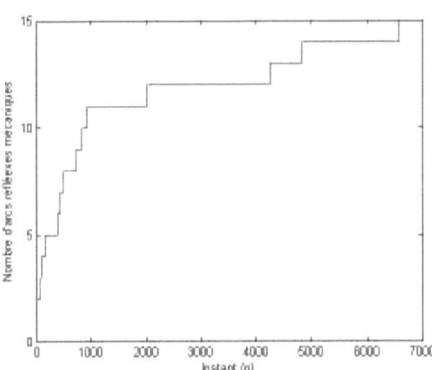

Figure 4.3 Évolution temporelle du nombre d'arcs réflexes mécaniques

Sur la figure 6.3, nous remarquons que la majorité des arcs réflèxes mécaniques sont trouvés avant l'instant $n = 3000$. En effet, 12 des 15 arcs réflexes mécaniques ont été trouvés pendant cette période qui correspond au premier parcours de l'exécution du test expérimental. Lors du second parcours ($3000 < n < 5200$), seuls 3 nouveaux arcs réflexes mécaniques sont ajoutés à la bibliothèque pour porter le nombre total à 15. La découverte de ces nouveaux arcs réflexes mécaniques s'explique par :

– la rapidité l'exécution du parcours la deuxième fois. Le pilote n'ayant pas encore exécuté de tâches de navigation dans le parcours avant le premier tour conduit la plate-forme de façon prudente (temps d'exécution de $300s$). Lors du second tour, son acclimatation avec le système de contrôle fait en sorte qu'il a tendance à aller plus vite ($220s$).

– le fait de conduire vite la plate-forme occasionne des rapprochements des dangers et des virages serrés comparativement à une conduite moins vite.

Ce résultat valide le processus de construction itérative de la bibliothèque. En effet, les arcs réflexes mécaniques trouvés sont en nombre limité et correspondent effectivement à des associations entre les contextes de dangers et les signaux de contrôle observés dans l'environnement. Dans une application de contrôle collaboratif impliquant des fauteuils roulants motorisés, le caractère routinier des tâches de navigation associée à un environnement de navigation dont les changements topologiques ne sont pas fréquents, favorise l'utilisation l'approche par arcs réflexes mécaniques.

4.4 Conclusion

Les tests effectués dans un environnement de navigation de laboratoire prouvent que l'algorithme d'agrégation en ligne est valide. Quatre pilotes ont été impliqués dans la validation expérimentale. Les arcs réflexes mécaniques des pilotes ont été interprétés et une analyse des résultats produite. L'utilisation réelle de la bibliothèque fera l'objet du prochain chapitre.

CHAPITRE 5

MODULE SEMI-AUTONOME POUR LA NAVIGATION COLLABORATIVE

5.1 Introduction

D'après la première loi de l'écrivain américain de science-fiction Isaac Asimov, *un robot ne peut porter atteinte à un être humain, ni, restant passif, permettre qu'un être humain soit exposé au danger.*

Nous présentons le design d'un module de navigation semi-autonome qui assiste activement un pilote humain dans ses tâches de navigation dans un environnement contraint. Cette assistance active fait partie du contrôle collaboratif faisant l'objet de notre projet de recherche. La manière dont le module semi-autonome évite les dangers influence directement la navigation collaborative. C'est pourquoi dans ce chapitre, nous nous intéressons à son design.

Lorsque nous nous référons à la problématique générale de contrôle collaboratif présentée dans le premier chapitre, nous remarquons que l'évitement d'un danger imminent et détectable par le système extéroceptif peut être réalisé en utilisant une approche réactive exploitant une grille d'occupation des dangers autour de la plate-forme mobile. Une telle approche permettrait au module semi-autonome de réagir rapidement aux conditions changeantes de l'environnement. Par ailleurs, les remarques spécifiques suivantes s'ajoutent à la remarque générale précédente lorsque nous considérons le domaine des aides techniques à la mobilité :

- le module semi-autonome doit être suffisamment rapide pour faire face à toute nouvelle situation dangereuse ;
- le pilote humain n'est pas nécessairement un expert du pilotage de la plate-forme. Il se peut donc que son signal de contrôle l'entraîne vers un danger ;
- des études récentes sur le contrôle partagé entre un pilote humain et un module semi-autonome ont montré qu'il est important de réduire autant que possible les écarts angulaires entre les vecteurs représentant les signaux de contrôle du pilote humain et ceux en provenance du module semi-autonome afin de (S. Katsura, 2004; Goodrich et Schultz, 2007) :
    - augmenter le sentiment de contrôle du pilote ;
    - réduire les confusions dans les dynamiques désirée et observée par le pilote. Un exemple de confusion couramment rencontré se produit lorsque devant un danger perçu par les deux agents, le pilote voudrait l'éviter du côté gauche alors que le

module d'assistance initie une manoeuvre d'évitement du côté droit.

- l'exécution par la plate-forme du signal de contrôle généré par le module semi-autonome doit produire un mouvement qui n'engendre pas de changements brusques de direction. Il est donc important de réduire les oscillations potentielles dans le mouvement de la plate-forme ;

- le système extéroceptif possède des limites de détection et d'interprétation de dangers. Ainsi, il y a des dangers qui ne sont détectables que par le pilote humain. Son signal pourrait alors indiquer la direction la moins dangereuse en tenant compte de son ensemble d'évènements détectables.

Ces remarques montrent que le temps de réaction face aux dangers et la prise en compte adéquate du signal de contrôle du pilote humain sont les facteurs essentiels au design d'un module d'assistance à la navigation. Parmi les approches proposées en robotique, les méthodes d'évitement de dangers basées sur les champs de potentiel artificiels (CPA) offrent la possibilité de rencontrer ces exigences. La différence fondamentale entre les méthodes recensées dans la littérature réside dans le choix des fonctions de CPA. Deux fonctions sont requises afin de procéder à l'élaboration d'un algorithme d'évitement de dangers : une fonction CPA répulsive et une fonction CPA attractive. La force artificielle induite par le gradient de la somme vectorielle de ces deux fonctions est alors considérée comme une indication de la direction la plus prometteuse du mouvement (Latombe, 1993).

La majorité des méthodes utilisent une fonction de champ de potentiels répulsifs exponentielle et une fonction de champ de potentiels attractifs parabolique. La fonction de CPA attractive utilise la prochaine configuration (position et orientation) à atteindre comme un paramètre important. Le choix de cette configuration a une influence capitale sur la dynamique de la plate-forme (Kulic et Croft, 2007; Huang *et al.*, 2006; Alboul *et al.*, 2008). En effet, si cette configuration est éloignée de la configuration courante, la plate-forme a tendance à se déplacer très vite et une dynamique oscillatoire apparait fréquemment pendant le déplacement (Carlson et Demiris, 2008; van Kuijk *et al.*, 2009; Parikh *et al.*, 2004). Par contre si elle est proche, le mouvement de la plate-forme est hésitant.

Une méthode permettant de sélectionner une configuration acceptable consiste à utiliser un module supplémentaire de planification (Latombe, 1993) faisant usage d'une carte locale et globale. La configuration sélectionnée par ce module est ensuite utilisée par un module semi-autonome utilisant les CPA afin de produire un signal de contrôle sécuritaire permettant un évitement de dangers localement (dans l'entourage immédiat de la plate-forme). Dans le contexte du contrôle collaboratif, le signal de contrôle exécuté par la plate-forme est la résultante des signaux de contrôle pondérés en provenance de l'algorithme CPA et du pilote (Urdiales *et al.*, 2009, 2007; Fernandez-Carmona *et al.*, 2009). Cette approche présente les inconvénients suivants :

- la non-intégration des contraintes holonomiques ou non holonomiques dans le processus de génération du signal de contrôle résultant. Cette absence de ces contraintes rend la plate-forme beaucoup plus sensible aux oscillations ;
- la présence de dynamique d'oscillations dans un environnement parsemé de dangers appartenant à S_m (dangers détectables uniquement par le système extéroceptif de la plate-forme) ou S_{hm} (dangers détectables à la fois par le pilote et le système extéroceptif de la plate-forme) ;
- la nécessité d'avoir un module de planification globale ;
- le risque élevé des différences notables entre les configurations proposées par le module de planification globale et les configurations réellement désirées par le pilote.

Nous avons donc opté pour une nouvelle approche intégrant à la fois l'historique du signal de contrôle observé de la part du pilote et les contraintes non holonomiques d'une plate-forme mobile. Nous démontrons que le module semi-autonome proposé permet de :

- éviter tout danger appartenant à S_m ou à S_{hm}, peu importe l'interférence occasionnée par la présence du signal de contrôle du pilote ;
- réduire l'écart entre les signaux de contrôle proposés par le pilote humain et ceux générés par le module autonome de navigation ;
- éviter tous dangers appartenant à S_m ou S_{hm}.

Le reste de chapitre est organisé en 4 sections. La section 2 présente la méthode d'évitement de dangers basée sur l'approche de CPA et les problèmes de contrôle reliés à l'utilisation d'une telle approche. Les écarts angulaires entre les vecteurs représentant les signaux de contrôle générés par la méthode de CPA et ceux en provenance du pilote constituent un des problèmes majeurs des approches de collaborations proposées. Afin de réduire ces écarts, l'approche de CPA directionnel est proposée dans la section 3. Cette approche, bien qu'efficace pour réduire cet écart, présente néanmoins un inconvénient additionnel : la présence d'impasses (absence de mouvement sécuritaire en raison de l'intervention du module semi-autonome et en dépit du désire du pilote de déplacer la plate-forme) lorsque l'environnement est parsemé de dangers. Une approche de dégagement de la plate-forme en situation d'impasse utilisant les arcs réflexes mécaniques est présentée dans la section 4. Enfin, une conclusion est présentée dans la section 5.

5.2 Évitement de dangers par la méthode des champs potentiels artificiels

La méthode classique d'évitement de dangers basée sur les champs potentiels artificiels considère la plate-forme mobile comme une particule évoluant dans un espace de configuration

(Latombe, 1993). Cette particule est sous l'influence d'un CPA $P(Q)$, $Q = [x, y]'$ étant la position de la particule dans le référentiel fixe dont l'origine est le point G (se référer à la figure 1.1). $P(Q)$ est généralement défini comme étant la résultante de deux types de CPA : un CPA répulsif $P_R(Q)$ ayant pour effet d'éloigner la particule des dangers qui l'entourent et un CPA attractif $P_A(Q)$ dont le but est d'attirer la particule vers une position cible Q_G représentée dans le référentiel fixe.

À chaque instant n, la force artificielle $F(Q) = -\nabla P(Q)$ induite par $P(Q)$ est considérée comme étant la direction la moins dangereuse.

$$\nabla P(Q) = \left[\begin{array}{c} \frac{\partial P(Q)}{\partial x} \\ \frac{\partial P(Q)}{\partial y} \end{array} \right] \tag{5.1}$$

où

$$P(Q) = P_R(Q) + P_A(Q) \tag{5.2}$$

et en général :

$$P_A(Q) = \frac{1}{2} K_A \times d(Q, Q_G)^2 \tag{5.3}$$

$$P_R(Q) = \left\{ \begin{array}{ll} \sum_{i=0}^{N_D} \frac{1}{2} K_R \left(\frac{1}{d(Q, Q_i)} - \frac{1}{D_0} \right)^2 & , \quad d(Q, Q_i) \leq D_0 \\ 0 & , \quad d(Q, Q_i) > D_0 \end{array} \right. \tag{5.4}$$

K_A et K_R sont des coefficients réels. $d(.,.)$ est une fonction de distance et D_0 est la distance minimale à ne pas franchir. Q_i est la pose du danger i et N_D est le nombre de dangers détectés autours de la particule située à Q.

Afin d'intégrer les signaux de contrôle du pilote, le diagramme de la figure 5.1 est utilisé.

Sur ce diagramme, le pilote observe l'environnement de navigation et planifie mentalement son chemin. Il génère les signaux de contrôle U_h de manière à suivre son plan. Le module semi-autonome utilise l'approche de CPA afin d'éviter les dangers. $Q_G = [x_h(n+1), y_h(n+1)]$ est requis à chaque instant n afin de trouver la direction la moins dangereuse. Q_G représente l'estimation de la position de la particule à l'instant $(n+1)$ si $U_h(n)$ est appliqué comme signal de contrôle. En supposant que la dynamique de la particule est représentée par l'expression 5.5 et connaissant U_h, Q_G est déterminée en utilisant l'expression 5.6.

$$X_h(n+1) = f(X(n), U_h(n)) \tag{5.5}$$

où $X(n) = [x(n), y(n), \theta(n)]$ est la configuration courante de la particule.

$$X_h(n+1) = [Q_G, \theta(n+1)] \tag{5.6}$$

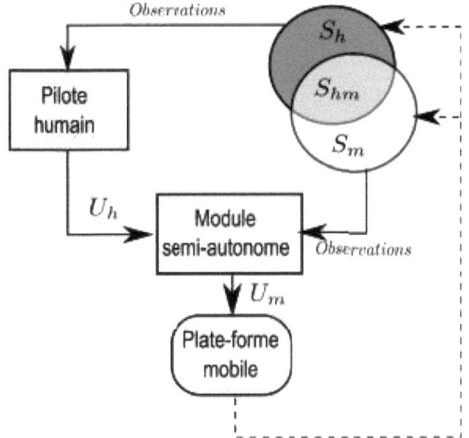

Figure 5.1 Diagramme d'interaction pilote - module semi-autonome

.

Avec la valeur de Q_G, le module semi-autonome génère U_m de manière à ce que la particule se déplace dans la direction la moins dangereuse.

Les limitations inhérentes au système extéroceptif font en sorte que certains dangers de S_h (dangers détectables uniquement par le pilote) peuvent ne pas être détectés. Un problème complexe à résoudre peut survenir lorsque la répartition spatiale de dangers fait en sorte que l'application de signal de contrôle issu de la méthode de CPA conduit la particule à rencontrer un danger de S_h. Une illustration d'une situation semblable est présentée sur la figure 5.2. Sur cette figure, $F_A(Q)$, $F_R(Q)$ et $F(Q)$ représentent respectivement les forces attractive, répulsive totale et résultante. La force $F_A(Q)$ tend à conduire la plate-forme dans la direction indiquée par le pilote. Cependant, en raison de la proximité des dangers de S_{hm} d'un côté et ne percevant pas le danger de S_h de l'autre côté, la force répuslive $F_R(Q)$ tendra à éloigner la particule des dangers de S_{hm}. $F(Q)$ étant la résultante des deux précédentes forces, pourrait alors conduire la particule vers le danger de S_h.

$$F(Q) = F_A(Q) + F_R(Q) \qquad (5.7)$$

$$F_A(Q) = -\nabla P_A(Q) \qquad (5.8)$$

$$F_R(Q) = \sum_{i=0}^{N_D} F_i(Q) \qquad (5.9)$$

$$F_i(Q) = -\nabla \left(\frac{1}{2} K_R \left(\frac{1}{d(Q, Q_i)} - \frac{1}{D_0} \right)^2 \right) \qquad (5.10)$$

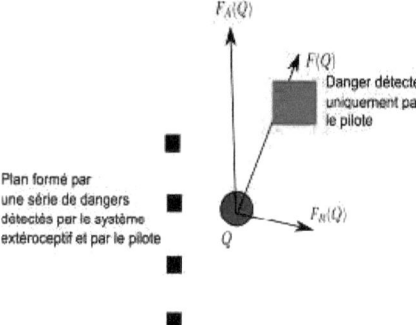

Figure 5.2 Exemple d'échec de l'application de la méthode de CPA en présence de dangers de S_h non visibles au module semi-autonome

Une approche de résolution de ce problème consiste à limiter l'influence des dangers qui n'entravent pas directement le déplacement de la particule. Par exemple, sur la figure 5.2, les dangers situés en arrière ou sur le côté devraient avoir peu d'impacte sur la génération de la force répulsive résultante.

5.3 Potentiel directionnel d'un danger

Dans la définition classique des méthodes d'évitement de dangers basées sur l'utilisation de CPA, seule la distance entre la pose de la particule et la pose du danger est prise en compte. Pour un danger situé à Q_i, l'écart angulaire entre le vecteur formé par (Q, Q_i) et celui formé par (Q, Q_G) est ignoré. Ce faisant, les effets de dangers qui ne figurent pas directement sur la trajectoire de la particule sont considérés de même importance que celles qui y figurent. Ainsi, dans le cas d'une plate-forme mobile, les dangers situés sur les côtés ou en arrière et qui en réalité n'entraveront pas le mouvement avant de la plate-forme ont le même effet que les dangers situés en avant.

Les méthodes rapportées dans la littérature pour tenter de réduire cet inconvénient utilisent une approche de fenêtre d'observation (définie autour de la plate-forme) dans laquelle seuls les dangers détectés à l'intérieur de cette fenêtre sont considérés (Borenstein et Koren, 1989). Une fraction de la force résultante répulsive $F_R(Q)$ obtenue à l'aide de cette approche est multipliée par le cosinus de l'angle formé par cette force et le vecteur direction de déplacement. Cette approche vise essentiellement à minimiser les oscillations provenant de l'application de la méthode originale de CPA. Cependant, elle accorde le même poids aux dangers, peu importe les positions relatives par rapport au mouvement. Dans un environnement parsemé de dangers, il est anormal d'accorder la même influence aux dangers situés sur le côté de la plate-forme et à ceux situés en avant. Afin de privilégier les dangers qui sont les plus susceptibles de se retrouver sur la trajectoire de la plate-forme, nous introduisons une notion appelée *potentiel directionnel d'un danger*.

L'idée de base est de permettre à un danger situé près de la trajectoire à décrire par la plate-forme d'avoir un potentiel directionnel plus élevé qu'un autre danger situé partout ailleurs autour de la même plate-forme. Ce faisant, la contribution réelle sur $F_R(Q)$ de la présence d'un danger près de la trajectoire, lorsque son potentiel directionnel est considéré, est plus important que la contribution qu'il aurait eu s'il était situé en arrière.

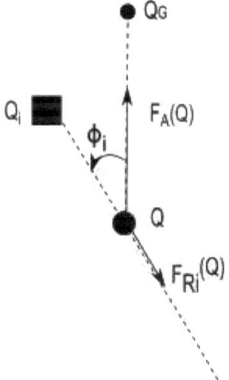

Figure 5.3 Particule sous l'action d'un danger détectable par le module semi-autonome

Considérons un danger situé à Q_i tel qu'illustré sur la figure 5.3. L'application de la méthode de CPA permet d'obtenir la force répulsive $F_{Ri}(Q)$. Nous définissons le potentiel directionnel d'un danger situé à Q_i comme étant une pondération $K'_R(Q_i) \in [0,1]$ de $F_{Ri}(Q)$ qui est fonction de l'écart angulaire $\phi_i(Q) \in [-\pi, \pi]$ entre les vecteurs (Q, Q_i) et (Q, Q_G). Une valeur de $\phi_i(Q)$ nulle signifie que le danger est situé directement sur la trajectoire et en avant de la plate-forme. La pondération accordée devrait être égale à 1. La contribution de $F_{Ri}(Q)$ dans le calcul de $F_R(Q)$ est alors maximale. Plus $\phi_i(Q)$ augmente, moins importante est la contribution de $F_{Ri}(Q)$.

Une fonction généralement rencontrée en robotique mobile et qui possède les caractéristiques recherchées est la fonction exponentielle décroissante :

$$K'_R(Q_i) = K_E \times e^{-\frac{\phi_i^2(Q)}{2K_I^2}} \tag{5.11}$$

où K_E et K_I représentent respectivement le facteur d'échelle et le facteur d'influence.

Le facteur d'échelle sert à harmoniser les intensités des forces répulsives et attractives. Le facteur d'influence joue le même rôle qu'une variance dans une fonction de la loi gaussienne. La nouvelle expression de $F_R(Q)$ est :

$$F'_R(Q) = -\nabla P'_R(Q) \tag{5.12}$$

avec

$$P'_R(Q) = \begin{cases} \sum_{i=0}^{N_D} \frac{1}{2} K'_R(Q_i) \left(\frac{1}{d(Q,Q_i)} - \frac{1}{D_0} \right)^2 & , \quad d(Q, Q_i) \leq D_0 \\ 0 & , \quad d(Q, Q_i) > D_0 \end{cases} \tag{5.13}$$

Afin d'illustrer comment le potentiel directionnel influence la force résultante totale $F(Q)$, nous considérons une particule située à Q et entourée de 8 dangers. Ces dangers sont disposés de façon symétrique par rapport à un axe perpendiculaire au plan des dangers et passant par le centre d'un cercle reliant toutes les poses de ces dangers (voir la figure 5.4). L'application de la méthode classique de CPA fait en sorte que la force répulsive résultante F_R est nulle. La particule est donc soumise seulement à la force attractive, ce qui pourrait causer une rencontre avec le danger situé à Q_8.

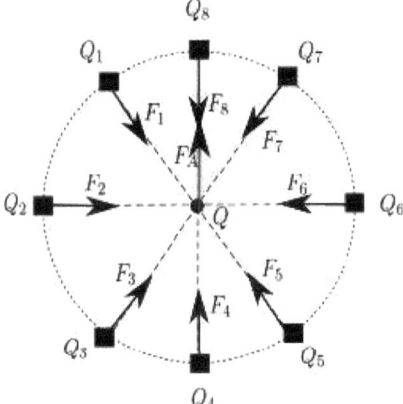

Figure 5.4 Exemple de contexte dans lequel la méthode de CPA est inefficace

Lorsque nous considérons l'exemple précédent et utilisons la fonction de potentiel directionnel représenté à la figure 5.6, la force répulsive résultante $F'_R(Q)$ est non nulle comme l'illustre la figure 5.5. La présence de cette force fait en sorte que la particule n'est plus soumise à la seule force attractive. Elle peut reculer et s'immobiliser lorsque $F'_R(Q)$ et $F_A(Q)$ s'annuleront. La fonction de potentiel directionnel est construite avec les paramètres suivants : $K_I = 1$, $K_E = 1$. Chaque petit cercle (de couleur rouge sur la figure 5.6) représente le potentiel directionnel d'un danger.

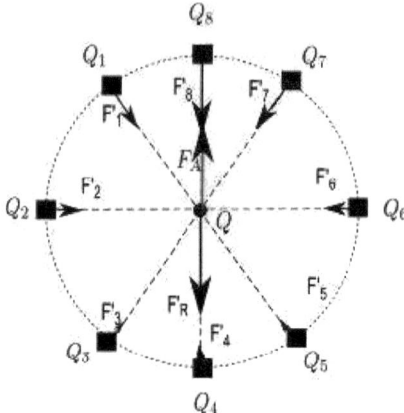

Figure 5.5 Exemple de contexte avec l'utilisation du potentiel directionnel de chaque danger

.

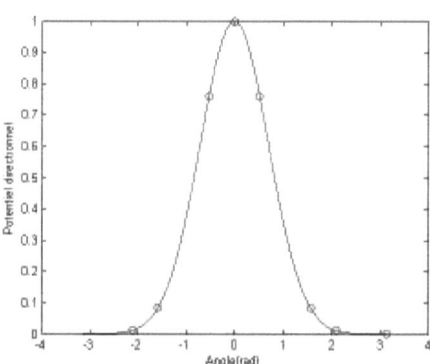

Figure 5.6 Exemple de fonction de potentiel directionnel

.

La distance de sécurité D_0 de la fonction de champ de potentiel répulsif $P'_R(Q)$ (se référer à l'équation 5.13) doit être modulable afin de permettre au pilote d'effectuer des manoeuvres d'approches sécuritaires. En effet, la réduction D_0 lorsque U_h est faible permet un mouvement lent vers un danger. Une méthode pratique de modulation de D_0 est présentée en annexe 2.

5.4 Évitement d'impasses par la méthode des arcs réflexes mécaniques

5.4.1 Problèmes de minimums locaux de la méthode des champs potentiels artificiels

Une impasse est une absence de mouvement de la plate-forme en raison de la présence de dangers de S_h ou de S_{hm} malgré la présence du signal de contrôle U_h. Cette situation se produit en raison principalement de la présence de minimum local lorsque la méthode de CPA directionnel est utilisée. La figure 5.7 est une illustration de ce problème. La particule située à Q est entourée de 6 dangers de S_m ou de S_{hm}.

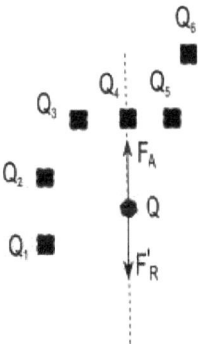

Figure 5.7 Exemple d'impasse

L'application de la méthode de CPA directionnel fait en sorte que seules les contributions des dangers Q_3, Q_4 et Q_5 sont significatives. La force répulsive résultant F'_R s'oppose à la force attractive F_A immobilisant ainsi la particule.

Dégager la plate-forme d'une situation d'impasse consiste à la mouvoir dans la direction la moins dangereuse. Une première méthode de dégagement consiste à modifier la contrainte liée à la région de recherche en l'élargissant de manière à couvrir toute la zone de navigation entourant la plate-forme. Ce faisant, en opération normale (sans impasse), le module semi-autonome aura tendance à proposer des directions trop éloignées de celles du pilote, ce qui pourrait entraîner la plate-forme à rencontrer des dangers de S_h. Le compromis entre le désir de réduire les écarts de direction et le désir d'évitement des impasses n'est pas trivial à obtenir. Nous proposons une méthode de dégagement d'impasses dans laquelle, les signaux de contrôle en provenance des arcs réflexes mécaniques sont mis à contribution.

5.4.2 Méthode de dégagement d'impasses basée sur les arcs réflexes mécaniques

Un arc réflexe mécanique j comprend un contexte de dangers de N_O observations discrètes noté $O_m^j = [O_1^j, O_2^j, O_3^j, ..., O_{N_O}^j]$ et une réponse de mouvement $A_m^j = [v^j, \Omega^j]$. Lors d'une impasse, il y a présence d'un contexte de dangers. Il est possible de trouver un arc réflexe mécanique dont le contexte de dangers est très proche du contexte de dangers trouvé au moment de l'impasse. La méthode proposée pour dégager la plate-forme de l'impasse est basée sur l'hypothèse suivant laquelle l'utilisation de la réponse du mouvement correspondant à cet arc réflexe mécanique permet de dégager la plate-forme de sa situation d'impasse.

Le diagramme représenté à la figure 5.8 illustre les interactions pendant une tâche de navigation dans laquelle survient une impasse.

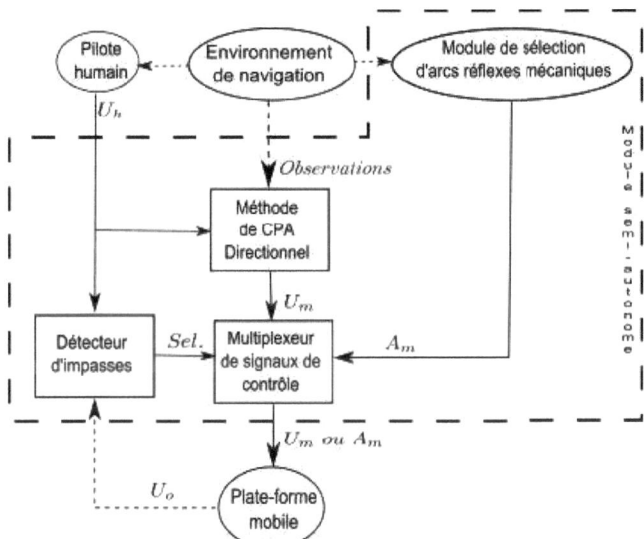

Figure 5.8 Diagramme d'interactions

Le pilote émet U_h pour initier un mouvement. Prenant en compte U_h et les observations de dangers, la méthode de CPA directionnel génère U_m. La présence de U_h et l'absence de vitesse de déplacement U_o sont des indicateurs d'une situation d'impasse. Si le module de détecteur d'impasses ne détecte aucune impasse, alors U_m est sélectionné par le multiplexeur de signaux de contrôle et acheminé à la plate-forme pour être exécuté. Sinon, le contexte de dangers présent pendant l'impasse est utilisé par le module de sélection d'arcs réflexes mécaniques pour trouver la composante A_m d'un arc réflexe permettant de dégager la plate-forme. Dans ce cas, le multiplexeur sélectionne A_m qui sera alors exécuté par la plate-forme. Si aucun arc réflexe n'existe, alors la consigne d'arrêt correspondant à $A_m = [0,0]$ est utilisée. Nous expliquons la méthode utilisée par le module de sélection d'arcs réflexes mécaniques afin de produire A_m.

La méthode de dégagement d'impasses suppose au préalable qu'une bibliothèque de N_A arcs réflexes mécaniques est à la disposition du module semi-autonome à un instant n. Supposons que la plate-forme se trouve dans une impasse. À l'aide des mesures des capteurs extéroceptifs, le contexte de dangers suivant est formé :

$$O(n) = [O_1(n), O_2(n), O_3(n), ..., O_{N_O}(n)]$$

Étape 1 :

Trouver l'arc réflexe mécanique I_m dont le contexte de dangers O_m est le plus proche de $O(n)$.

Étape 2 :

Si la réponse de mouvement A_m de I_m est sécuritaire, alors elle est acheminée au multiplexeur de signaux de contrôle. Sinon, nous fixons $A_m = [0,0]$ afin de permettre à la plate-forme de s'immobiliser.

Étape 3 :

La plate-forme étant dans une impasse, le multiplexeur de signaux de contrôle sélectionnera A_m pour être exécuté par la plate-forme.

Afin de trouver I_m, une fonction de coût comprenant les éléments suivants est définie :

– une pénalité associée la dissimilitude entre $O(n)$ et le contexte de dangers d'un arc réflexe mécanique candidat de la bibliothèque. Cette pénalité vise à privilégier les solutions permettant un déplacement de la plate-forme aussi proche que possible du déplacement qu'aurait initié le pilote devant un contexte de dangers semblable ;

– une pénalité associée à la dangerosité de A_m de l'arc réflexe mécanique candidat. Elle vise à assurer que A_m est sécuritaire.

Pour des raisons pratiques, le coût associé à la dangerosité de A_m doit être supérieur à celui associé à la dissimilitude.

Une manière naturelle de définir la pénalité sur la dissimilitude est de trouver une fonction dont la valeur est proportionnelle à une mesure de distance entre les contextes de dangers $O(n)$ et O_m. La fonction suivante représente le coût associé à la dissimilitude :

$$F_d(n) = \alpha_d \times d(O_m, O(n))^2 \tag{5.14}$$

où α_d est un coefficient réel. Sa valeur est fixée en tenant compte de la pénalité imposée sur la dangerosité du signal de contrôle associé à un arc réflexe mécanique.

Étant donné que A_m est connu, il est possible d'estimer la configuration Q_G si A_m est exécuté par la plate-forme. Nous définissons la dangerosité d'un signal de contrôle comme étant l'indice de risque de rencontre de la plate-forme et d'un danger de S_m ou de S_{hm} si ce signal est exécuté. Cet indice doit être élevé si une rencontre est imminente avec un danger et faible dans le cas contraire. La fonction du potentiel répulsif directionnel représentée par l'expression 5.13 est une bonne candidate pour représenter la pénalité associée à la dangerosité.

$$F_r(n) = P'_R(Q_G(n)) \tag{5.15}$$

Rappelons que le potentiel répulsif directionnel est calculé en utilisant l'expression suivante :

$$P'_R(Q_G) = \begin{cases} \sum_{i=0}^{N_D} \frac{1}{2} K'_R(Q_i) \left(\frac{1}{d(Q_G, Q_i)} - \frac{1}{D_0} \right)^2 & , \quad d(Q_G, Q_i) \leq D_0 \\ 0 & , \quad d(Q_G, Q_i) > D_0 \end{cases}$$

où

$$K'_R(Q_i) = K_E \times e^{-\frac{\phi_i^2(Q)}{2K_f^2}} \tag{5.16}$$

La fonction de coût total associée à un arc réflexe I_m est représentée par l'expression suivante :

$$F_c(n) = F_d(n) + F_r(n) \tag{5.17}$$

La réponse de mouvement de l'arc réflexe mécanique qui minimise cette fonction est envoyée au multiplexeur de signaux de contrôle si le coût est inférieur à un seuil prédéterminé $F_0(n)$. Par contre si $F_c(n) > F_0(n)$, alors le signal de contrôle $[0, 0]$ est envoyé au multiplexeur.

5.5 Conclusion

Les plates-formes mobiles dotées de modules autonomes ou semi-autonomes de navigation sont utilisées comme des aides techniques à la mobilité ou des engins de navigation non habités pour des missions d'exploration par exemple. L'intervention d'un pilote humain dans le processus de décision et de contrôle de ces plates-formes pose le problème complexe de contrôle partagé.

Un concept différent de module semi-autonome permettant l'intervention d'un pilote humain dans son processus de contrôle est présenté dans ce chapitre. Ce concept est basé sur l'approche par champ de potentiel artificiel. Afin de réduire les écarts entre les directions désirées par le pilote et celles proposées par la méthode de champs potentiels artificiels, nous avons proposé une pondération de la contribution de chaque danger en fonction de son éloignement par rapport à la direction du mouvement. Par ailleurs, nous avons également élaboré une méthode utilisant les arcs réflexes mécaniques définis dans le précédent chapitre pour dégager la plate-forme d'une impasse.

Le module semi-autonome proposé est purement réactif. Cette réactivité lui permet de répondre rapidement aux situations imprévues. Par contre, une réaction brusque et non planifiée a pour effet de surprendre parfois le pilote. Une étude expérimentale dans un environnement intérieur et contraint avec une plate-forme mobile téléopérée est présentée dans le prochain chapitre.

CHAPITRE 6

MODULE SEMI-AUTONOME : VALIDATION EXPÉRIMENTALE

6.1 Introduction

Dans ce chapitre, le module semi-autonome tel que présenté dans le chapitre précédent est validé expérimentalement. Cette validation vise essentiellement à démonter la capacité du module semi-autonome à éviter les dangers détectables uniquement par le système extéroceptif (dangers de S_m) et de dangers détectables à la fois par le système extéroceptif et le pilote (dangers de S_{hm}) tout en exploitant la bibliothèque des arcs réflexes mécaniques de manière à éviter les impasses de mouvement.

La suite de ce chapitre est organisée en quatre sections. Afin de tester les fonctionnalités développées pour le module semi-autonome, un environnement contraint constitué de divers objets a été monté en laboratoire. La section 2 est consacrée à la présentation de cet environnement. La section 3 présente les résultats expérimentaux et la discussion. Une étude comparative est présentée et discutée dans la section 4. La conclusion est présentée à la section 5.

6.2 Environnement expérimental

6.2.1 Plate-forme robotique

L'environnement expérimental est semblable à celui utilisé dans le chapitre 4. La plate-forme expérimentale est un robot mobile à 4 roues motrices équipé d'un système odométrique et d'un télémètre laser placé en avant comme illustré sur la figure 4.1. Le télémètre laser joue le rôle du système extéroceptif du module semi-autonome. Le demi-disque de détection est constitué de 180 faisceaux lasers en raison d'un faisceau par degré d'angle. Il est subdivisé en 7 secteurs angulaires de 22.7 degrés chacun, nommés L_0, L_1,...,L_6. L'approche de grille d'occupation de Borenstein (Borenstein et Koren, 1991) est utilisée. La valeur de L_s, $s = 0,...,6$ est obtenue en additionnant les distances de proximité des faisceaux laser du secteur visé. Cette somme est par la suite normalisée.

6.2.2 Modalité de contrôle du pilote humain

Le pilote humain utilise une manette de jeu d'ordinateur pour contrôler la plate-forme robotique. La manette de jeu comporte deux axes permettant de contrôler les vitesses de translation avant et arrière d'une part et les vitesses de rotation suivant le sens antihoraire ou suivant le sens horaire, d'autre part. Ces valeurs de commandes de vitesses sont normalisées.

6.2.3 Module semi-autonome

Le module semi-autonome assiste le pilote humain dans l'exécution d'une tâche de navigation de la manière suivante :

– lorsqu'il n'y a pas de dangers imminents (c'est-à-dire qu'il n'y a pas de dangers situés à une distance inférieure à D'_{min} dans la direction du mouvement), le signal de contrôle du module semi-autonome est le même que celui du pilote humain ;

– lorsqu'il y a un danger imminent :

– le module semi-autonome ralentit la course de la plate-forme afin de permettre au pilote de changer sécuritairement de direction ;

– si le pilote ne change pas de direction, alors la méthode de CPA directionnel est utilisée pour éviter une rencontre avec ce danger ;

– si malgré l'utilisation de la méthode de CPA directionnel, la condition de danger ne s'améliore pas et qu'une impasse est sur le point de survenir, alors les arcs réflexes mécaniques sont mis à contribution.

6.2.4 Scénario de navigation

L'environnement expérimental est illustré sur la vue ci-dessous. Divers objets faisant office de dangers s'y retrouvent. Un couloir étroit et non rectiligne (largeur moyenne de $85cm$) est érigé à l'aide de panneaux de styromousse.

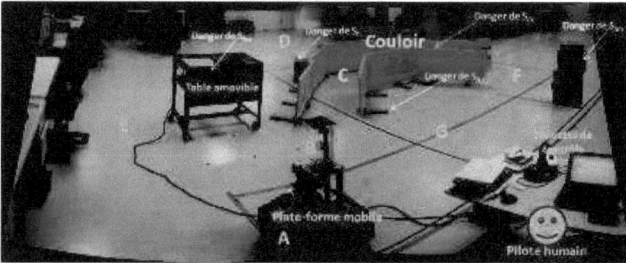

Figure 6.1 Vue panoramique de l'environnement de navigation et du poste de contrôle du pilote humain

Le pilote peut s'asseoir près du poste de contrôle pour téléopérer la plate-forme à l'aide de la manette. Une telle position du pilote fait en sorte qu'il y a plusieurs endroits occlus par les panneaux de styromousse. Par exemple, les dangers qui sont dans le couloir entre les points de passage C et F ne sont pas visibles pour le pilote. Ainsi, il n'est pas en mesure de percevoir si la plate-forme est trop proche d'un des panneaux formant le couloir. Les dangers entre les panneaux de cette portion du couloir font partie alors de S_m. De même, les dangers situés à l'extérieur du couloir du côté du point de passage D ne sont pas tous visibles au pilote.

Tous les dangers dont la plus grande hauteur est inférieure à $50cm$ ne sont pas détectés par le système extéroceptif de la plate-forme. Ces dangers font partie de S_h s'il sont visibles au pilote. Par exemple : sur la vue ci-dessus, une boîte située à l'extérieure du couloir et proche de la table amovible est un exemple de danger de S_h. La table amovible ainsi que l'objet situé près du point de passage F sont des exemples de dangers de S_{hm}.

Partant de la position de départ spécifiée par la lettre A, le pilote doit :
– traverser le couloir sans entrer en contact avec ses parois en passant par les points marqués B et C ;
– à la sortie du couloir, il doit tourner dans le sens anti-horaire et passer par les points D et E ;
– le pilote doit repasser par le couloir pour atteindre les points F, G et A.

Le pilote exécute deux fois le parcours. Pendant la première exécution, il est positionné de manière à voir tous les dangers. Cette étape permet la construction de la bibliothèque des arcs réflexes mécaniques. Lors de la seconde exécution, le pilote est assis près du poste de contrôle et opère la plate-forme. En raison de sa position, il y a des dangers qu'il ne percevra pas. Cette deuxième exécution nous permet de démontrer l'assistance du module semi-autonome et surtout l'utilisation en temps réel des arcs réflexes mécaniques.

La performance globale de la navigation en terme d'évaluation de temps mort pendant une séance de navigation permettra de démontrer l'apport de l'usage des arcs réflexes mécaniques. Un temps mort est une période pendant laquelle, aucun mouvement de la plate-forme n'est enregistré alors que les signaux de contrôle du pilote ne sont pas tous nuls.

6.3 Résultats expérimentaux et discussion

6.3.1 Construction dynamique de la bibliothèque d'arcs réflexes mécaniques pour un pilote type

Le tableau 6.1 représente la liste des arcs réflexes trouvés pendant l'expérimentation.

Tableau 6.1 Liste des arcs réflexes mécaniques

Numéro de ARM	v_{moy}(m/s)	ω_{moy}(rad/s)	L_0	L_1	L_2	L_3	L_4	L_5	L_6
0	0.05	0.00	0	0	0	0	0	0	0
1	0.12	0.04	1	1	0	1	1	0	0
2	0.38	0.26	1	0	1	1	1	1	0
3	0.07	-0.015	1	0	0	0	0	0	0
4	0.12	-0.26	0	1	0	0	0	0	0
5	0.27	-0.07	0	0	1	1	1	1	1
6	0.16	-0.17	0	1	1	0	0	0	0
7	0.27	0.00	0	0	0	0	1	1	1
8	0.25	-0.07	1	1	1	1	0	0	0
9	0.19	0.12	1	0	0	0	0	0	1
10	0.15	0.05	0	0	0	0	0	1	1
11	0.13	0.46	1	0	0	0	0	1	1
12	0.31	0.17	1	1	1	1	1	0	0
13	0.14	0.10	1	1	1	0	0	1	1

Plusieurs remarques sont à mentionner avant d'interpréter les arcs réflexes :
– toutes les vitesses linéaires correspondant aux arcs réflexes mécaniques sont positives. En effet, l'absence de capteurs extéroceptifs couvrant le demi-plan arrière de la plate-forme expérimentale rend impossible la construction des arcs réflexes mécaniques cohérents avec la direction du mouvement ;
– une vitesse de rotation positive produit un mouvement de rotation dans le sens anti-horaire ;
– sur la figure 4.1, les secteurs sont numérotés en suivant le sens anti-horaire.

Le premier arc réflexe mécanique (numéro 0) représente la situation dans laquelle il y a présence de dangers dans les sept secteurs couverts par le système extéroceptif de la plate-forme. Une telle situation s'est produite au point de passage C de l'environnement de navigation (se référer à la figure 6.1), lorsque le pilote s'est rapproché de trop près de la parois extérieur du couloir curviligne. La figure 6.2 est une illustration du contexte de navigation lorsque l'arc de réflexe 0 a été identifié pour la première fois.

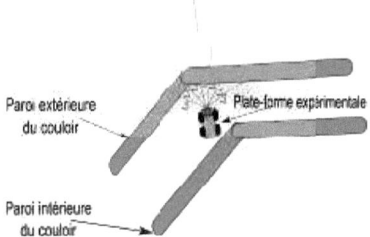

Figure 6.2 Illustration du contexte de navigation pour l'arc réflexe 0

Dans ces conditions, le pilote s'arrête et recule avant de tenter de contourner les dangers. Les vitesses linéaire de $0.05m/s$ et angulaire de $0.0rad/s$ sont associées aux signaux de contrôle d'arrêt du mouvement de la plate-forme émis par le pilote.

Les plus grandes vitesses linéaire et angulaire enregistrées sont associées à l'arc réflexe mécanique 2 ($v_{moy} = 0.38, \omega_{moy} = 0.26$). Le pilote a fait usage de ces signaux lorsqu'il navigue près du point de passage D. En effet dans cette portion du parcours, il n'y a pas de dangers qui entravent directement le mouvement du pilote. Ceci est notamment mis en évidence par les valeurs de L_2, L_3, L_4 et L_5 qui sont à 1. Par ailleurs, il est à remarquer que $L_6 = 0$ indiquant ainsi que le secteur situé à l'extrême gauche de la plate-forme est occupé. Cette occupation provient du fait que le pilote longe la paroi près du point de passage D pendant qu'il navigue dans cette section du parcours.

Sur la figure 6.3, nous remarquons que la majorité des arcs réflèxes mécaniques sont trouvés avant l'instant $n = 300$. Ce qui correspond au mi-parcours de la première exécution. En effet, 11 des 14 arcs réflexes mécaniques ont été trouvés pendant cette période.

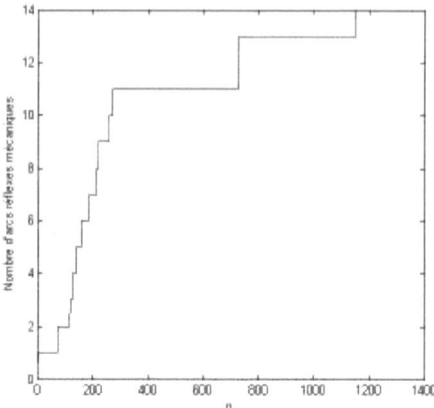

Figure 6.3 Évolution temporelle du nombre d'arcs réflexes mécaniques

6.3.2 Validation expérimentale du détecteur d'impasses

Rappelons que pour qu'il y ait impasse il faudrait que :

– les signaux de contrôle du pilote soient non nuls ;

– les vitesses de translation et de rotation observées soient nulles, signifiant que la plate-forme est immobile. L'absence de mouvement malgré la présence de signaux de contrôle non nuls provient du fait que le module semi-autonome juge les actions du pilote dangereuses et inhibe toute évolution cinématique.

Afin de tester cette fonctionnalité, le rôle du module semi-autonome est réduit à celui d'évitement de collision sans changer de direction du mouvement. Pour ce faire, la fonction de potentiel directionnelle représentée par la figure 6.4 est utilisée. Son expression est :

$$K'_R(L_i) = e^{(-\phi^2(L_i)/2 \times 0.07^2)} \tag{6.1}$$

où $\phi(L_i), i = 0, 1..., 6$, représente l'écart angulaire entre la limite inférieure du secteur L_i et la direction du mouvement de la plate-forme. Par exemple, le secteur L_0 occupe les angles entre $0rad$ et $25.7rad$. Sa limite inférieure est donc $0rad$.

Le choix de cette fonction de potentiel est motivé par le désir de permettre au danger situé directement dans la direction du mouvement de l'influencer.

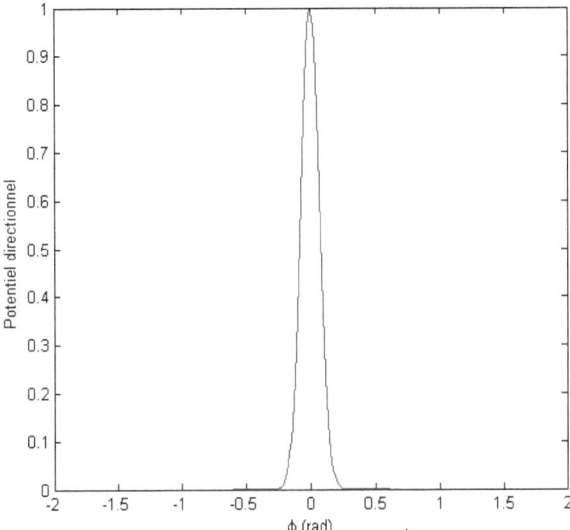

Figure 6.4 Fonction de potentiel directionnel utilisée pour le test du module de détection d'impasses.

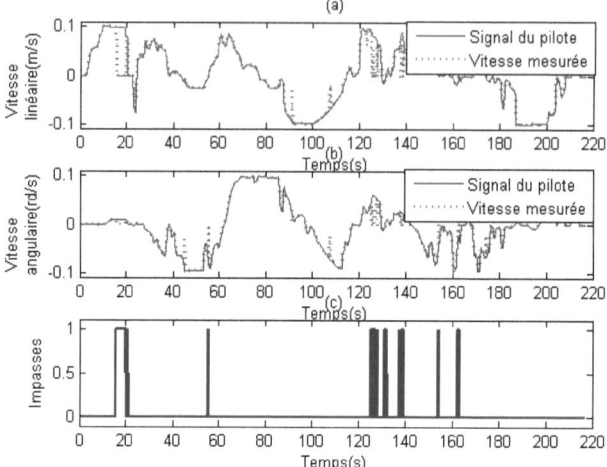

Figure 6.5 Exemple de signaux de contrôle avec présence d'impasses :(a) signal de contrôle en translation de la part du pilote et vitesse de translation de la plate-forme mesurée ; (b) signal de contrôle en rotation de la part du pilote et vitesse de rotation de la plate-forme mesurée ; (c) une valeur '1' indique une impasse, tandis qu'une valeur '0' indique une absence d'impasse.

Le détecteur d'impasses est le module qui permet d'enclencher l'utilisation des arcs réflexes mécaniques. La figure 6.5 illustre un exemple de navigation avec présence d'impasses. Sur cette figure, nous observons 7 épisodes d'impasses. Nous décrivons en détail le premier épisode et démontrons le fonctionnement de module de détection d'impasses. Les autres épisodes s'expliquent de manière similaire.

Épisode 1 : Entre $17s$ **et** $21s$

Pendant cette période de temps, la plate-forme navigue proche du point de passage C et le contexte de dangers perçu par le système extérioceptif est :
$L_0, L_1, L_2, L_3, L_4, L_5, L_6, L_7 = 1, 1, 1, 0, 0, 0, 0$.

Cet contexte indique clairement que le secteur L_3 est occupé. Pourtant, d'après les courbes en bleu des graphiques a et b de la figure 6.5 le signal de contrôle généré par le pilote est $(v = 0.1m/s, \omega = 0.01rad/s)$. L'application d'un tel signal entraîne un mouvement de la plate-forme vers l'avant et en direction du danger présent dans L_3. L'utilisation de la méthode de CPA directionnel par le module semi-autonome en tenant compte de la fonction de potentiel présentée sur la figure 6.4 conduit à une force répulsive qui est directement opposée à la force attractive générée par les signaux de contrôle du pilote. C'est pourquoi le module semi-autonome a inhibé le mouvement de la plate-forme dans cette direction. Cette inhibition ($v = 0.0m/s, \omega = 0.0rad/s$) est visible sur les courbes en pointillé des graphiques a et b de la figure 6.5. C'est donc l'absence de mouvement de la plate-forme pendant que les signaux de contrôle du pilote sont non nuls qui détermine la présence d'une impasse.

Autres épisodes

Les autres épisodes d'impasses on eu lieu pendant la seconde traversée du couloir excepté l'épisode qui s'est déroulé entre $52s$ et $57s$. À chaque fois, le signal du pilote était non sécuritaire et l'utilisation de la méthode de CPA directionnel ne se suffisait pas à éviter le danger.

Le temps mort cumulatif dû aux impasses est de $8.2s$. Cette période pendant laquelle aucun mouvement sécuritaire n'est possible n'est pas désirable pour le pilote.

6.3.3 Utilisation de la bibliothèque des arcs réflexes mécaniques

Nous analysons l'usage de la bibliothèque des arcs réflexes mécaniques (voir le tableau 6.1) pendant la seconde exécution expérimentale du parcours. Le module semi-autonome génère les signaux de contrôle en fonction de la méthode de champs potentiels artificiels directionnels. Lorsqu'une impasse est détectée, il cesse d'utiliser cette méthode pour faire appel à la méthode des arcs réflexes mécaniques (se référer au diagramme d'interactions de la figure 5.8).

La figure 6.6 illustre la trajectoire décrite par la plate-forme. Elle est obtenue en utilisant un calcul odométrique. Aucun système de localisation n'a été mis à contribution. Nous remarquons que la trajectoire est lisse et ne présente aucun changement de courbure brusque, malgré l'absence de tout module de planification de chemin. En effet, les méthodes usuelles présentées dans la littérature utilisent de tels modules afin d'éviter toute oscillation ou déviation soudaine de la trajectoire décrite par la plate-forme en présence de dangers rapprochés.

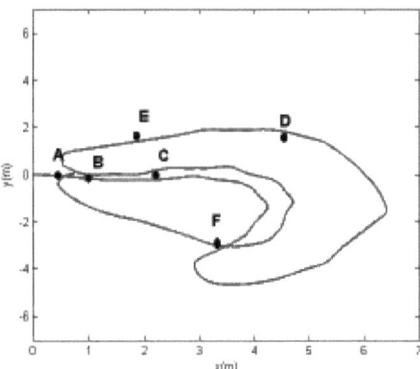

Figure 6.6 Trajectoire décrite par la plate-forme pendant la seconde exécution du parcours

La bibliothèque des arcs réflexes contient 11 arcs réflexes mécaniques numérotés de 0 à 10 au moment de débuter la seconde exécution du parcours expérimental. Quelques-uns de ces 11 arcs réflexes sont donc utilisés lorsque des impasses sont détectées.

Le module semi-autonome dispose de quatre différentes décisions représentées par les chiffres de 1 à 4 pour mener à bien une tâche de navigation :

– décision 1 : les signaux de contrôle du pilote sont jugés sécuritaires par le module semi-autonome et sont alors exécutés par la plate-forme ;

– décision 2 : les signaux de contrôle du pilote sont jugés non sécuritaires par le module semi-autonome et la méthode de CPA directionnel est mise à contribution afin de réduire le risque d'évènements dangereux ;

– décision 3 : les signaux de contrôle du pilote sont jugés non sécuritaires par le module semi-autonome, la méthode de CPA directionnel est mise à contribution et par la suite une impasse est détectée ; le module semi-autonome utilise alors l'approche basée sur les arcs réflexes mécaniques afin d'éviter l'impasse ;

– décision 4 : les signaux de contrôle du pilote sont jugés non sécuritaires par le module semi-autonome ; la méthode de CPA directionnel est mise à contribution sans succès ; les signaux de contrôle d'un arc réflexe mécanique n'ont pas été en mesure de sortir la plate-forme d'une impasse. Elle est immobilisée.

Afin d'analyser l'impact réel de l'utilisation des arcs réflexes mécaniques, nous avons généré un graphique comportant la décision active et le numéro de l'arc réflexe sélectionné.

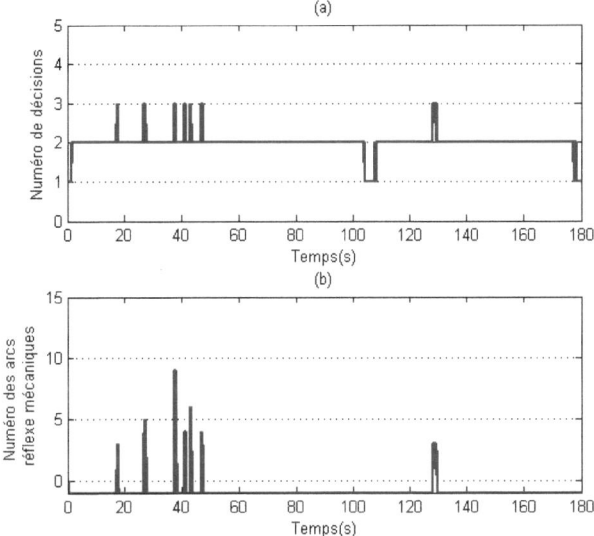

Figure 6.7 Décision du module autonome et arcs réflexes actifs : (a) Décision en fonction du temps ; (b) Arcs réflexes mécaniques utilisés.

Analyse générale

1. Les signaux de contrôle du pilote ont été jugés sécuritaires (décision 1) et appliqués comme tels seulement pendant 5% du temps de navigation.

2. L'environnement de navigation étant parsemé d'obstacles, c'est la décision 2 (assistance active du module semi-autonome en utilisant la méthode de CPA directionnel) qui a été sélectionnée pendant 93% du temps de navigation. Pendant ce temps, aucun arc réflexe mécanique n'est utilisé (valeur de -1 sur le graphique (b) de la figure 6.7).

3. Pendant 2% du temps de navigation, les arcs réflexes mécaniques ont été utilisés à des moments différents (décision 3). Ces numéros d'arcs réflexes mécaniques sont 3, 4, 5, 6, 9. Cette utilisation, bien que minimale, est suffisante pour permettre à la

plate-forme d'éviter des temps morts dus aux impasses. Aucun temps mort n'est enregistré pour cette expérience. L'absence de temps mort est observable sur la figure 6.8. En effet, si à chaque fois que le module du vecteur représentant les signaux de contrôle du pilote est non nul, les vitesses mesurées sur la plate-forme sont aussi non nulles et qu'il n'y a pas de collision, alors le temps mort est nul. Pendant cette expérience, aucune collision n'est enregistrée. Sur la figure 6.8, l'on peut observer qu'à chaque fois que le module du vecteur de vitesse du pilote est non nul (ce qui correspond aux périodes pendant lesquelles le pilote voudrait faire bouger la plate-forme), le module du vecteur vitesse de déplacement de la plate-forme est également non nul.

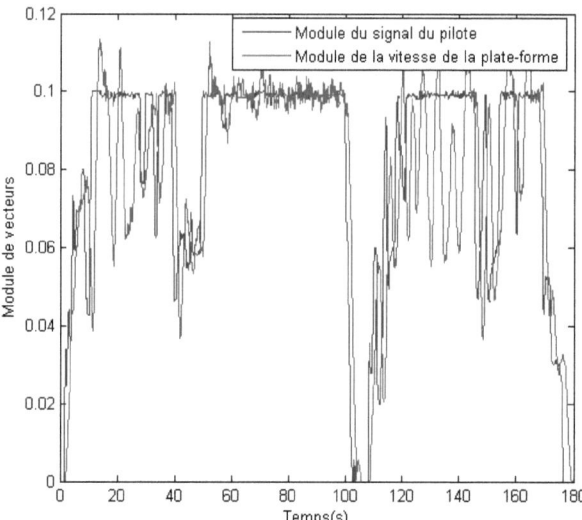

Figure 6.8 Comparaison entre le module du vecteur représentant les signaux de contrôle du pilote et le module du vecteur représentant la vitesse mesurée de la plate-forme

Analyse spécifique

Les arcs réflexes mécaniques ont été utilisés surtout lorsque la plate-forme, naviguant dans le couloir, dépasse le point C (voir la vue représentant l'environnement expérimentale : figure

6.1). Ce point correspond au dernier endroit dans le couloir qui soit visible complètement au pilote, lorsque ce dernier est assis près du poste de contrôle.

Le premier arc réflexe mécanique qui a été utilisé (au temps $n = 16s$) a pour numéro 3, lorsque la plate-forme a dépassé le point de contrôle C. Analysons en détail le contexte de navigation.

Les mesures des capteurs de proximité recueillies ont permis d'obtenir la grille d'occupation suivante :

$\{L_0, L_1, L_2, L_3, L_4, L_5, L_6\} = \{0.87, 0.82, 0.38, 0.24, 0.21, 0.15, 0.08\}$.

La figure 6.9 est une illustration du contexte de navigation. Les secteurs L_0 et L_1 sont moins occupés que les autres secteurs. Par ailleurs, les signaux de contrôle du pilote étaient : $v = 0.1m/s, \omega = 0.024rd/s$.

L'utilisation de la méthode de CPA directionnel n'est pas suffisante pour éviter une impasse. En effet, il aurait fallu que la plate-forme tourne beaucoup dans le sens horaire. Ce qui n'est pas permis par cette méthode. Rappelons que l'idée d'utiliser la méthode de CPA directionnel est de réduire autant que possible les écarts entre les vecteurs formés par les signaux de contrôle (et représentant le désir de mouvement du pilote) et ceux obtenus en utilisant la méthode traditionnelle de champs de potentiels artificiels.

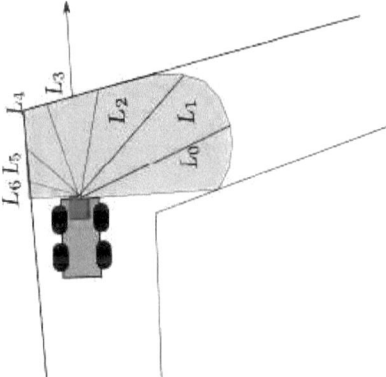

Figure 6.9 Configuration de la plate-forme pendant l'utilisation de l'arc réflexe 3

Le contexte de l'arc réflexe mécanique 3 a été sélectionné comme étant le plus proche du contexte courant de la plate-forme. Les vitesses associées à cet arc réflexe sont : $v = 0.07m/s, \omega = -0.015rd/s$.

L'utilisation des signaux de commandes de l'arc réflexe mécanique 3 permet deux effets importants :
- réduire la vitesse de translation de la plate-forme qui passera de $0.1m/s$ à $0.07m/s$. Cette réduction est nécessaire afin d'assurer un changement de direction sécuritaire ;
- changer de direction en passant de la vitesse de rotation positive à une vitesse de rotation négative (de $0.024rd/s$ à $-0.015rd/s$). Ce changement permet à la plate-forme de tourner dans le sens horaire vers les zones les moins occupées de l'environnement de navigation.

Ces deux effets mis en ensemble permettent à la plate-forme :
- d'éviter l'impasse en cours ;
- de garder une direction cohérente avec la direction désirée par le pilote.

La figure 6.10 présente les signaux de contrôle du pilote et ceux du module semi-autonome. Nous remarquons qu'à partir de l'instant $n = 16s$, la vitesse de rotation du module semi-autonome s'inverse tandis que la vitesse de translation dimimue. Ceci durera environ deux secondes pour éviter l'impasse.

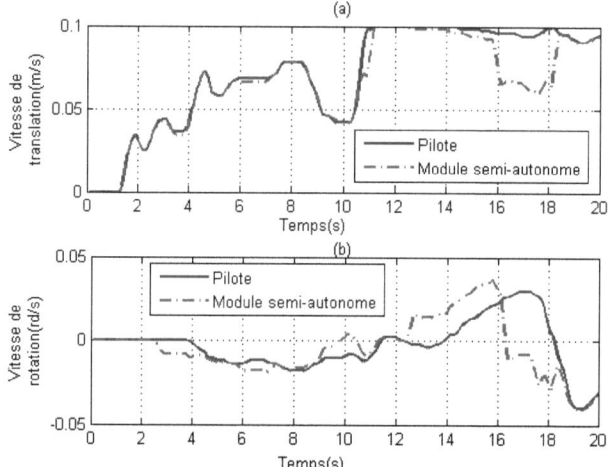

Figure 6.10 Signaux de contrôle du pilote et du module semi-autonome

6.4 Étude comparative

L'objectif de l'étude comparative est de mesurer les différences lorsque le module semi-autonome :

- joue un simple rôle d'arrêt d'urgence du mouvement de la plate-forme sans changer de direction : fonctionnement en mode arrêt d'urgence ;
- utilise la méthode de CPA directionnel : fonctionnement en mode réactif simple ;
- utilise la méthode de CPA directionnel et l'évitement d'impasse par la méthode des arcs réflexes mécaniques : fonctionnement en mode réactif et réflexe.

L'environnement expérimental est le même que celui utilisé précédemment. Les quatre pilotes ($P_I, P_{II}, P_{III}, P_{IV}$) qui ont pris part aux expérimentations ont utilisé chaque mode de fonctionnement du module semi-autonome. Pour chaque mode de fonctionnement, le pilote effectue trois fois la trajectoire :

A, B, C, D, E, B, C, F, G, A.

Aucune consigne particulière n'est donnée aux pilotes. De plus, ils ne savent pas quel mode de fonctionnement est utilisé. Cependant, plusieurs d'entre eux ont été en mesure de suspecter une forme d'aide pendant la traversée du couloir. À chaque exécution du parcours expérimental, les paramètres suivants sont mesurés :

- le nombre d'arrêts d'urgences. La présence de la fonction d'arrêt d'urgence permet d'éviter tout contact direct avec les dangers de l'environnement. Ce paramètre est mesuré en comptant le nombre de fois que la décision 4 a été sélectionnée par le module semi-autonome ;
- le temps mis pour terminer une exécution complète du parcours ;
- le temps mort calculé.

Avant d'évaluer ces différents paramètres, nous analysons trois trajectoires du pilote P_I. Chaque trajectoire correspond à un mode de fonctionnement. L'analyse qui sera ainsi faite reste valide pour les trois autres pilotes.

6.4.1 Comparaison des trajectoires d'un pilote type utilisant chacun des trois modes du module semi-autonome

La figure 6.11 représente les trois trajectoires obtenues. De façon général, aucune oscillation notable n'est observée sur les trajectoires correspondant aux modes réactif simple et réactif-réflexe. Ce résultat indique effectivement que l'utilisation de CPA directionnel n'introduit pas d'oscillations notables généralement présentes lorsque les méthodes de champs potentiels artificiels sont utilisées en environnement contraint.

Une différence subtile dont l'existence justifie l'effort mis pour développer la méthode d'évitement d'impasses est représentée par les flèches. En mode arrêt d'urgence, le pilote qui est assis près du poste de contrôle, ne peut pas bien observer tous les dangers au delà du point de contrôle C. Sur la trajectoire (a) de la figure 6.11, il y a un point d'inflexion représenté par une flèche. En réalité, le pilote a trop poussé la plate-forme vers le mur de gauche du couloir, provoquant un premier arrêt d'urgence. Pour corriger la course de la plate-forme, il change brusquement son orientation. Cette fois-ci, la nouvelle orientation imposée fait en sorte que c'est le mur de droite du couloir qui est trop proche, provoquant une deuxième fois un arrêt d'urgence.

Sur les trajectoires (b) et (c) aucun point d'inflexion n'est observée à cause de l'usage de la méthode de CPA directionnel. En effet dès que la plate-forme s'approche du mur extérieur du couloir, une correction est automatiquement effectuée sur l'orientation de la plate-forme de façon à réduire le risque d'utiliser un arrêt d'urgence. Cependant, nous avons observé que la correction seule n'était pas suffisante et l'arrêt s'enclenchait parfois. Ce qui a pour conséquence d'entraîner des impasses. Ces impasses ne sont pas visibles sur les trajectoires présentées. Lorsque le mode réactif et réflexe est utilisé, la durée de temps morts dus aux impasses est considérablement réduite.

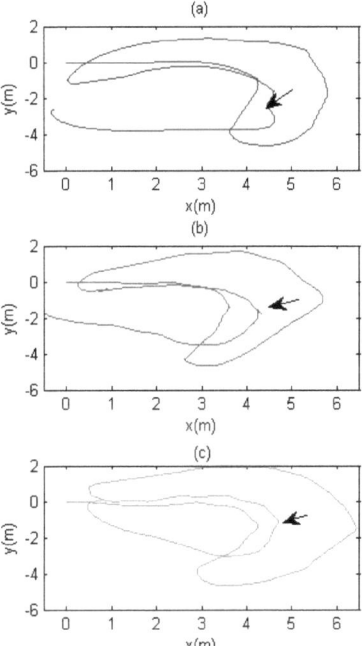

Figure 6.11 Comparaison de trois trajectoires :(a) Trajectoire en mode arrêt d'urgence. (b) Trajectoire en mode réactif simple. (c) Trajectoire en mode réactif et réflexe mécanique. Les flèches indiquent les endroits critiques dans l'exécution des manoeuvres de navigation.

6.4.2 Comparaison des durées d'exécution de trajectoires

Sur la figure 6.12, tous les temps d'exécution de tous les pilotes sont représentés. Deux remarques importantes sont à mentionner.

– Chaque pilote conduit la plate-forme avec sa propre vitesse. Le pilote IV a visiblement une vitesse moyenne beaucoup plus importante que le pilote I. Malgré cette différence de vitesse, tous les pilotes ont complété les trois modes de fonctionnement.

– Pour chaque pilote, il y a une différence entre les durées de chaque mode. Le temps de parcours en mode réactif et réflexe semble légèrement inférieur aux autres durées en raison principalement de la réduction des temps morts dus aux impasses.

Ces résultats suggèrent que tous les modes développés dans ce projet de recherche altèrent très peu le style de conduite des pilotes. En effet, un pilote qui conduit vite peut se faire aider sans réduire significativement sa vitesse propre.

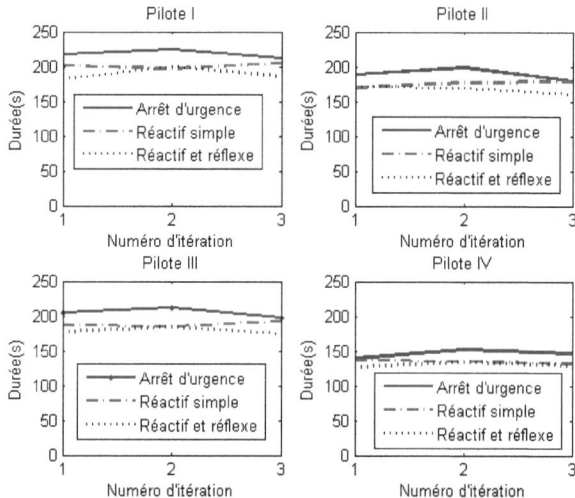

Figure 6.12 Comparaison des durées d'exécution de trajectoires en mode arrêt d'urgence, en mode réactif simple et en mode réactif et réflexe.

6.4.3 Comparaison du nombre d'usages de l'arrêt d'urgence pendant l'exécution de trajectoires

L'usage de l'arrêt d'urgence par le module semi-autonome est une indication tangible d'une situation dans laquelle une rencontre avec un danger est imminente. Lorsque l'arrêt d'urgence est activé, la plate-forme n'avance plus vers le danger le plus proche dans la direction du mouvement. Le pilote doit lui-même trouver une manière pour éloigner ladite plate-forme du danger.

La figure 6.13 présente les graphiques de nombre de fois que la fonction d'arrêt d'urgent est activée. Les barres de couleur verte, représentant le nombre d'usages de la fonction d'arrêt d'urgence lorsque le module semi-autonome fonctionne en mode réactif et réflexe, sont inexistantes sur les graphiques car leurs valeurs sont faibles (inférieures à 6). Par ailleurs, les points suivants sont à mentionner.

- Pour tous les pilotes, la fonctionnalité d'arrêt d'urgence est beaucoup plus activée lorsqu'il n'y a aucune assistance ni par la méthode de CPA directionnels (mode réactif simple), ni par la méthode de CPA directionnel et des arcs réflexes mécaniques (mode réactif et réflexe). Ce résultat montre que les deux modes d'assistances ci-dessus mentionnés contribuent à réduire l'usage de l'arrêt d'urgence et donc à aider activement le pilote à conduire sécuritairement la plate-forme dans un environnement contraint.

- Pour tous les pilotes, en mode réactif et réflexe, l'usage de l'arrêt d'urgence est quasi inexistant. Ce résultat confirme le fait que l'utilisation des arcs réflexes mécaniques contribue à une réduction significative des impasses qui sont entre autres, sources de temps morts.

- Une vitesse de conduite moyenne élevée n'est pas nécessairement corrélée avec un nombre plus élevé de recours aux arrêts d'urgence. En effet, d'après notre contexte expérimental, le pilote IV qui est plus rapide que le pilote I, n'a pas eu recours à plus d'arrêts d'urgence comparativement au pilote I. Toutefois, il aurait fallu avoir un échantillonnage beaucoup plus élevé de pilotes afin de mieux caractériser la vitesse moyenne de pilotage et le nombre d'arrêts d'urgence en environnement contraint.

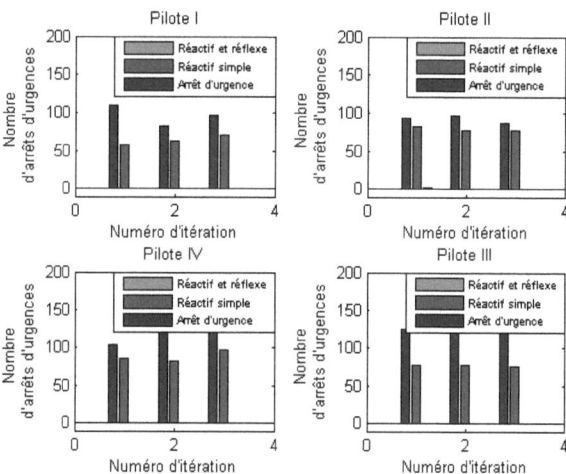

Figure 6.13 Comparaison du nombre d'arrêts d'urgences pendant les exécutions de trajectoires en mode arrêt d'urgence, en mode réactif simple et en mode réactif et réflexe.

6.4.4 Comparaison des temps morts pendant l'exécution de trajectoires

En général, nous avons remarqué que le temps mort cumulatif est corrélé avec le nombre d'arrêts d'urgence sauf pour le pilote I (figure 6.14). Pour ce pilote, le temps mort cumulatif lors de la seconde itération du parcours est plus élevé en mode réactif simple qu'en mode arrêt d'urgence. Ceci s'explique par le fait que lors de l'itération 2 et pendant le passage dans le couloir, le pilote a passé beaucoup de temps à dégager la plate-forme de la situation d'impasse dans laquelle elle se trouvait.

Par ailleurs, nous remarquons sur la figure 6.14 que le temps mort est très réduit, voire inexistant, lorsque le pilote est assisté par le module semi-autonome fonctionnant en mode réactif et réflexe. Les réductions moyennes de temps morts varient de 75% à 100%, lorsque nous comparons le mode réactif simple et le mode réactif et réflexe.

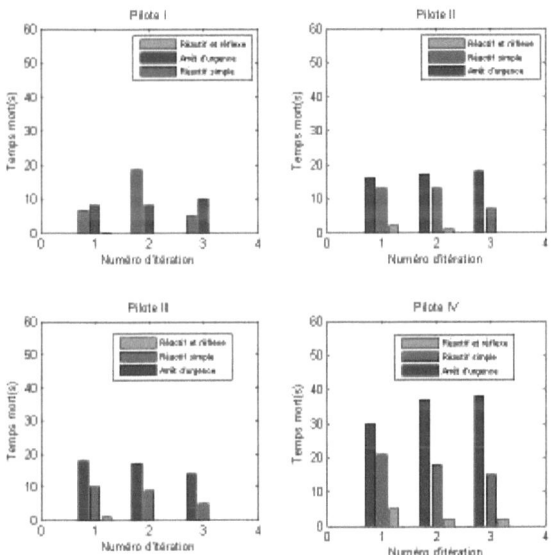

Figure 6.14 Comparaison du nombre des durées de temps mort pendant les exécutions de trajectoires en mode arrêt d'urgence, en mode réactif simple et en mode réactif et réflexe.

6.5 Conclusion

Les fonctionnalités du module semi-autonome ont été testées expérimentalement dans un environnement contraint. Après avoir validé le module de détection d'impasses, nous avons montré la manière dont les arcs réflexes mécaniques sont utilisés pour réduire les temps morts dus à ces impasses. Les résultats d'une étude comparative menée avec quatre pilotes suggèrent que la méthode de CPA directionnel introduit peu d'oscillations dans la dynamique de la plate-forme en plus de permettre une navigation sécuritaire. L'utilisation des arcs réflexes mécaniques réduit significativement les temps morts chez les pilotes testés. Tous les contextes d'impasses ne sont pas évitables par la méthode proposée. Il arrive parfois qu'aucun arc réflexe mécanique n'existe dans la bibliothèque pour une situation d'impasse particulière. Dans ce cas, la plate-forme est arrêtée devant le danger le plus rapproché. Une intervention sécuritaire du pilote permettant de changer de direction au mouvement pourrait dégager la plate-forme de cette impasse.

CHAPITRE 7

CONTRÔLE COLLABORATIF PAR ESTIMATION DE L'APTITUDE DU PILOTE

7.1 Introduction

Le but principal du module semi-autonome est d'assister le pilote humain dans l'exécution des tâches de navigation. Le niveau d'implication de ce module doit s'adapter au niveau d'assistance désirée par le pilote (Zieba *et al.*, 2009; Bethel *et al.*, 2007). Cette implication se manifeste par la génération de signaux de contrôle destinés à compenser les manoeuvres du pilote considérées lorsque celles-ci sont dangereuses par le module semi-autonome. Nous avons sélectionné l'aptitude au pilotage comme une mesure permettant de construire un mécanisme d'adaptation de l'assistance du module semi-autonome. Certains dangers sont à la fois détectables par le pilote et le module semi-autonome. L'aptitude au pilotage se mesure par la capacité du pilote à éviter correctement de tels dangers. La mise en oeuvre de cette capacité requiert de sa part la mobilisation de ressources perceptuelles, cognitives et motrices (Hart, 1988). Dans la littérature, les systèmes de pilotages collaboratifs entre un humain et un module de navigation supposent généralement que le pilote maintient le même niveau d'aptitude à éviter les dangers perçus, peu importe le contexte de navigation (C. Urdiales et Sandoval, 2007; Li *et al.*, 2008; Riley *et al.*, 2008; Galluppi *et al.*, 2008). Cette hypothèse, même si elle peut s'avérer correcte lorsque le pilote est un expert des tâches de navigation, s'avère inadéquate quand il ne possède pas toutes les aptitudes requises pour de telles opérations. Par ailleurs, il a été abondamment documenté que l'aptitude d'un pilote pendant les tâches de navigation, peu importe son degré d'expertise, est variable en fonction de certains facteurs comme :

– les facteurs personnels : la distraction ou l'inattention, les conditions médicales person-
  nelles, l'état mental, l'humeur, la fatigue, etc. (Hart, 1988) ;

– les facteurs environnementaux : la densité de dangers présents, la complexité des opérations
  de navigation à réaliser, les contraintes géométriques liées aux aspects physiques de la
  plate-forme mobile et l'espace restreint disponible pour les manoeuvres.

Plusieurs études démontrent une corrélation forte entre la dégradation de performance d'un pilote de véhicule et l'augmentation de la charge de travail (complexité et nombre de manoeuvres à exécuter) (Steinfeld *et al.*, 2006; Young et Jerome, 2009; Wang *et al.*, 2006; Coleman *et al.*, 1999). Caractériser l'aptitude au pilotage revient donc à estimer la charge de travail que le pilote doit effectuer. Dans le milieu de la recherche sur les interactions homme-machine, aucun consensus n'existe en ce qui concerne la définition de la charge de travail. Cependant, la définition de Hart (Hart, 1988) revient souvent. Ce dernier définit la charge de travail d'un pilote comme étant la relation perçue entre ses ressources et celles requises pour accomplir une tâche donnée.

Une manière de diminuer cette charge de travail consiste à fournir au pilote un module d'assistance (Fields *et al.*, 2009; Damian *et al.*, 2009). La nature variable de cette charge fait en sorte qu'une adaptation du niveau d'assistance est requise afin d'aider adéquatement le pilot par le biais d'outils d'estimation de la charge de travail.

Le reste du chapitre est organisé en 5 sections. Le lien entre l'évaluation de l'aptitude et celle de la charge de travail, nous amène à présenter dans la section 2, une revue des différentes approches utilisées et à montrer les raisons pour lesquelles elles ne sont pas adéquates dans le cadre de notre thèse. Dans la section 3, nous présentons une nouvelle approche d'estimation de l'aptitude basée sur l'entropie comportementale et démontrons les avantages d'une telle approche. Un algorithme de délibération résolvant la problématique de contrôle collaboratif de cette thèse et basé sur l'entropie comportementale est présenté dans la section 4. Les sections 5 et 6 présentent respectivement les limites de l'approche proposée et la conclusion.

7.2 Différentes approches de mesure de la charge de travail

L'estimation de la charge de travail d'un pilote est très difficile à réaliser en raison de l'implication de facteurs personnels dont les évaluations ne sont pas toujours objectives. Quatre approches d'estimation de la charge de travail ont été recensées :
– approche par les mesures physiologiques,
– approche par les mesures de performance,
– approche par les mesures de paramètres subjectifs,
– approche systémique.

Il est bien documenté dans la littérature de la biologie médicale que plusieurs manifestations physiologiques soient liées aux efforts cognitifs ou physiques associés à des charges de travail chez un humain (Sciarini et Nicholson, 2009; Hama *et al.*, 2009; Takken *et al.*, 2009; Reimer *et al.*, 2009; Rabbi *et al.*, 2009). L'idée primaire de cette approche est d'exploiter la corrélation entre le niveau de charge de travail et ses manifestations physiologiques. Les principales mesures utilisées sont : l'électrocardiogramme (Brookhuis *et al.*, 2009; Hirshfield *et al.*, 2009), l'électromiogramme, la tension artérielle (Zotov *et al.*, 2009; Mulder *et al.*, 2009), l'électroencéphalogramme, les mouvements et la forme des pupilles (Tremoulet *et al.*,

2009), la transpiration de la peau et l'impédance ou la conductance de la peau. L'approche par mesure physiologique de la charge de travail présente les avantages suivants :
– l'estimation quasi instantanée ;
– l'estimation objective comparativement à la méthode de mesure de paramètres subjectifs notamment la méthode de NASA-TLX (Hart, 1988).

Les inconvénients de cette approche sont :
– l'installation sur le corps du sujet faisant l'objet de l'estimation de la charge, des différents instruments de mesure. Ces instruments interfèrent physiquement avec son environnement d'opération normal.
– le niveau très faible de certains signaux fait en sorte que les traitements destinés à réduire les effets négatifs du bruit de mesure sont souvent complexes (Goodrich et Schultz, 2007).

Une manière indirecte de mesurer la charge de travail consiste à quantifier le taux de décroissance de la performance d'exécution d'une tâche principale en fonction de l'accroissement de la complexité d'une tâche secondaire. Les deux tâches sont exécutées en parallèle. Comme la complexité de cette tâche secondaire est contrôlable, il est possible alors d'établir une relation entre la dégradation de la performance de la tâche principale et la complexité de la tâche de la tâche secondaire. Les études montrent que plus la complexité de la tâche secondaire croît, plus la performance de l'exécution de la tâche principale décroît (Goodrich et Schultz, 2007).

L'ajout de la tâche secondaire est envahissant pour le sujet évalué. De plus, certains chercheurs considèrent que cette procédure détourne une partie de l'attention du sujet pour l'exécution de la tâche principale (Brookhuis *et al.*, 2009; Goodrich et Schultz, 2007).

Afin de contourner la difficulté d'estimation fiable et en temp-réel de la charge de travail, plusieurs auteurs ont proposé des approches basées sur des évaluations subjectives produites par le pilote après avoir exécuté une tâche. Ces approches tentent d'exploiter la capacité d'une personne d'exprimer la charge perçue aussitôt après avoir exécuté une tâche (Goodrich et Schultz, 2007). Afin d'estimer cette charge, le pilote doit remplir un questionnaire qui servira à calculer un indice représentant le niveau de charge.

Les mesures proposées par l'Agence Spatiale Américaine (NASA) font offices de standard pour cette catégorie de méthodes. Elles sont connues sous l'appellation de NASA-TLX (Steinfeld *et al.*, 2006; Schiele, 2009; Hart, 1988). NASA-TLX utilise six composantes pour évaluation la charge d'un pilote :
– les exigences mentales perçues par le pilote de la tâche impliquée ;
– les exigences physiques ressenties par le pilote lors de l'exécution de ladite tâche ;
– les exigences de temps : le pilote a-t-il eu suffisamment de temps pour compléter la tâche ;

– les exigences de performance ;
– le niveau d'efforts que le pilote a dû déployer afin d'accomplir la tâche ;
– le niveau de frustration ressentie.

Subjective Workload Assessment Technique (SWAT) est une autre technique souvent rencontrée dans la littérature concernant l'estimation de la charge de travail (Dey et Mann, 2009). Cette méthode utilise trois composantes :

– les requis pour accomplir la tâche ;
– l'effort mental que le pilote croit avoir déployé afin d'arriver à accomplir la tâche ;
– le stress ressenti pendant l'exécution de la tâche.

L'évaluation de paramètres subjective présente l'avantage de permettre au pilote d'exprimer sa manière de vivre l'expérience associée à la tâche impliquée dans le processus de mesure. Cependant, cette méthode présente les inconvénients suivants :

– l'estimation de la charge de travail perçue est une moyenne sur toute la période d'exécution de la tâche. Il est donc difficile de déterminer la charge en temps-réel de manière à ajuster l'interaction conséquemment.

– la difficulté d'obtenir des estimations fiables. En effet, la même tâche exécutée dans les mêmes conditions expérimentales peut aboutir à des évaluations de charges différentes.

La tendance récente consiste à utiliser une approche systémique. Une combinaison des différentes approches mentionnées précédemment est mise à contribution afin de mieux estimer la charge de travail (Brookhuis *et al.*, 2009 ; Cao *et al.*, 2009 ; Mehler *et al.*, 2009 ; Dey et Mann, 2009).

Dans le contexte du pilotage collaboratif d'une plate-forme mobile, le caractère adaptatif pendant l'exécution des tâches de navigation fait en sorte que les méthodes basées sur les évaluations subjectives ne sont pas applicables. L'utilisation de l'approche par mesures physiologiques de la charge pose un problème d'interférence avec l'environnement de pilotage. Par conséquent, elle ne sera pas considérée. Les mesures de performance sont jugées non pratiques en raison de la nécessité d'introduire une tâche interférente secondaire. Pour toutes ces raisons, nous proposons une approche permettant de détecter les moments pendant lesquels, l'aptitude du pilote est réduite en analysant ces signaux de contrôle.

7.3 Aptitude du pilote par l'approche d'entropie comportementale

Comme mentionné dans l'introduction, nous considérons que le pilote est apte si, devant un danger détectable à la fois par le pilote et le module semi-autonome, il génère une séquence de U_h de manière à éviter correctement toute rencontre avec ce danger. Ainsi, afin de déterminer si un signal $U_h(n)$ contribue à l'évitement de danger du point de vue du module semi-autonome, nous définissons une variable binaire $\Gamma(n)$ de la manière suivante :

– $\Gamma(n) = 0$ si une rencontre avec un danger risque de survenir dans le cas où $U_h(n)$ est directement exécuté par la plate-forme ;

– $\Gamma(n) = 1$ si l'exécution de $U_h(n)$ n'entraîne pas de rencontre avec un danger.

Comme Γ est directement liée à la manière dont le pilote contrôle la plate-forme, nous considérons qu'une séquence de N valeurs de Γ est une représentation du comportement du pilote vis-à-vis des dangers de l'environnement de navigation. Afin de caractériser adéquatement les situations d'inaptitude du pilote contrôlant seul une plate-forme dans un environnement restreint, plusieurs expériences ont été menées au laboratoire. Ces expériences ont consisté à laisser le pilote diriger la plate-forme et à enregistrer les séquences de Γ pendant des épisodes de perte de contrôle, de collisions ou d'accrochage avec les dangers présents dans l'environnement de navigation. Il ressort de cette analyse préliminaire, deux principales situations dans lesquelles la contribution du module semi-autonome serait importante.

– Inaptitude de type 1 : le pilote, seul au contrôle, en tentant d'éviter un danger perçu, génère des signaux de contrôle qui n'arrivent pas à produire l'évitement désiré entraînant ainsi des rencontres avec des dangers. C'est souvent le cas lorsqu'il perd le contrôle de la plate-forme en raison d'une trop grande vitesse de déplacement. Cette situation est représentée par une séquence de Γ ayant une longue série de 0.

– Inaptitude de type 2 : le pilote, seul au contrôle, évite un danger avec beaucoup de difficultés. Ces difficultés se manifestent par la génération de signaux de contrôle présentant beaucoup de variations d'amplitudes brusques ainsi que beaucoup de changements de direction abrupts entraînant parfois des accrochages avec les dangers. Une séquence de Γ dans ce cas contient beaucoup d'alternances entre 0 et 1.

La figure 7.1 est une illustration de l'inaptitude de type 1. En effet, sur cette figure, nous observons 5 valeurs de Γ à 1 et 26 valeurs de Γ à 0.

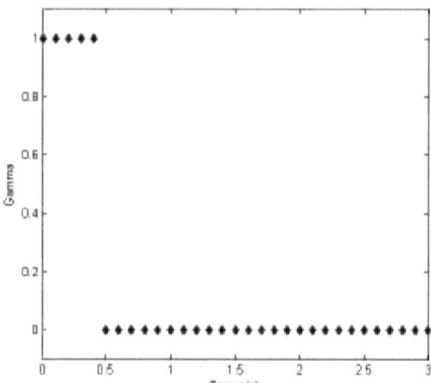

Figure 7.1 Exemple de représentation de Γ dans le cas d'inaptitude de type 1

La figure 7.2 représente l'évolution dynamique de Γ lorsque l'inaptitude de type 2 se présente. 18 valeurs de Γ ont la valeur 1, tandis que 13 valeurs en ont 0. Cependant, comparativement à la figure 7.1, il y beaucoup plus de changements de valeurs de Γ dans la figure 7.2 : 11 alternances.

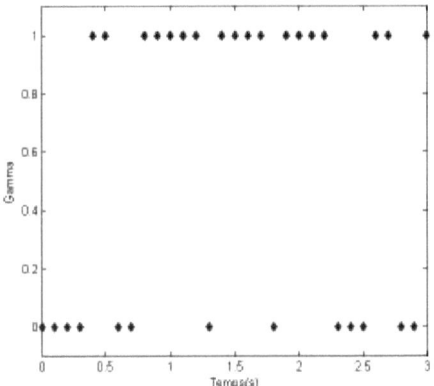

Figure 7.2 Exemple de représentation de Γ dans le cas d'inaptitude de type 2

.

L'estimation de l'aptitude du pilote $\alpha(n)$ doit tenir compte des deux situations ci-dessus mentionnées. Afin de définir son expression, nous considérons une séquence de N valeurs passées de Γ : $\Gamma(n-1), \Gamma(n-2), ..., \Gamma(n-N)$. Une manière de caractériser l'inaptitude de type 1 serait de déterminer la proportion de valeur de Γ à 0 (P_{00}) dans cette séquence et de définir α de manière que sa valeur décroisse lorsque P_{00} augmente. Le nombre de valeurs passées N est choisi de manière à évaluer sur une période courte l'inaptitude de type 1. Ce choix permet une contribution rapide du module semi-autonome dans le cas échéant.

En raison du caractère non prévisible de Γ, la séquence $\Gamma(n-1), \Gamma(n-2), ..., \Gamma(0)$ est une réalisation d'un processus stochastique discret. La caractérisation de l'inaptitude de type 2 est plus complexe à réaliser que celle de l'inaptitude de type 1. En effet, la méthode triviale de décompte de nombre de transitions dans une séquence de Γ ne permet pas de différencier, par exemple, les trois séquences illustrées sur la figure 7.3. Les trois graphiques de cette figure présentent chacun quatre changements de valeurs de Γ. Ils représentent les comportements de trois pilotes qui contrôlent seuls des plates-formes lors d'une manoeuvre de passage entre deux dangers rapprocher de S_{hm} (par exemple, le passage d'une porte étroite). La séquence du graphique A correspond au comportement d'un pilote qui a de la difficulté à produire des signaux de contrôle sécuritaires pendant plus de $0.75s$. Pour les graphiques B et C, malgré un début difficile (présence de plusieurs changements), ces

pilotes réussissent à maintenir un contrôle sécuritaire vers la fin et pendant plus de 1.25s.
Par ailleurs, l'observation des graphiques B et C nous montre que l'un ressemble à une
version translatée de l'autre.

Une bonne mesure de l'inaptitude de type 2 devrait permettre de conclure que le pilote
dont la séquence de Γ est représentée par le graphique A est moins apte que les pilotes de
B et C. De plus, la mesure de l'inaptitude de type 2 devrait considérer que les graphiques
B et C réflètent le même comportement.

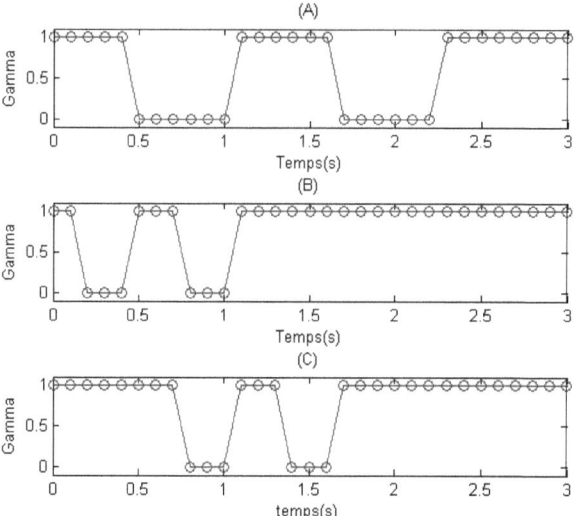

Figure 7.3 Trois représentations différentes de Γ

Afin d'élaborer une mesure efficace de l'inaptitude de type 2, considérons une longue
séquence de Γ : $\Gamma(n-1), \Gamma(n-2), ..., \Gamma(0)$. Cette série peut être représentée par un modèle
de Markov discret à deux états :

- S_0 : cet état représente un signal de contrôle sécuritaire du pilote (Γ possède la valeur
  0) ;
- S_1 : cet état représente un signal de contrôle non sécuritaire du pilote (Γ possède la

valeur 1).

Ces deux états permettent de définir quatre transitions. Chaque transition est associée à un symbole O_{ij}. i et j prennent les valeurs 0 ou 1. Ainsi,

– le symbole O_{00} est associé à la transition de S_0 à S_0 ;

– le symbole O_{01} est associé à la transition de S_0 à S_1 ;

– le symbole O_{10} est associé à la transition de S_1 à S_0 ;

– le symbole O_{11} est associé à la transition de S_1 à S_1.

Chaque séquence de Γ est alors associée à une séquence de symboles O. Reprenons l'exemple de la figure 7.2. La séquence de symboles associés à l'évolution dynamique de Γ est présenté dans le tableau 7.1.

Tableau 7.1 Séquence de symboles associés à la séquence de Γ de la figure 7.2

n	$\Gamma(n)$	$O(n)$
0	0	
1	0	O_{00}
2	0	O_{00}
3	0	O_{00}
4	1	O_{01}
5	1	O_{11}
6	0	O_{10}
7	0	O_{00}
8	1	O_{01}
9	1	O_{11}
10	1	O_{11}
11	1	O_{11}
12	1	O_{11}
13	0	O_{10}
14	1	O_{01}
15	1	O_{11}
16	1	O_{11}
17	1	O_{11}
18	0	O_{10}
19	1	O_{01}
20	1	O_{11}
21	1	O_{11}
22	1	O_{11}
23	0	O_{10}
24	0	O_{00}
25	0	O_{00}
26	1	O_{01}
27	1	O_{11}
28	0	O_{10}
29	0	O_{00}
30	1	O_{01}

Le diagramme de la figure 7.4 représente le modèle de Markov associé à Γ.

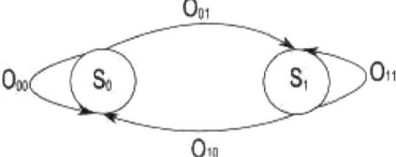

Figure 7.4 Diagramme de transitions

.

La structure statistique des séquences O peut être décrite par les quatre probabilités de transitions. Étant donné que chaque transition est associée à un symbole, nous obtenons les expressions suivantes :

$$P_{00} + P_{01} = 1 \tag{7.1}$$

et

$$P_{10} + P_{11} = 1 \tag{7.2}$$

où $P_{ij}, \{i, j\} \in \{0, 1\}$ représente la probabilité d'apparition du symbole O_{ij}.

Chaque état représenté sur ce diagramme est joignable à partir de n'importe quel autre état. Cette propriété nous permet d'assumer que ce processus de Markov peut être approximé par un modèle ergodique (Shannon, 1948). Par ailleurs, les changements de valeurs de Γ sont représentées par les deux symboles 0_{01} et 0_{10}. Une manière de caractériser ce modèle discret consiste à calculer l'entropie de Shannon (Shannon, 1948) associée à O. En effet, plus il aura de changements de Γ, plus il y aura présence de symboles 0_{01} et 0_{10}, élevée sera la valeur de l'entropie. L'expression de l'entropie de Shannon est :

$$H(n) = -P_{00}ln(P_{00}) - P_{01}ln(P_{01}) - P_{10}ln(P_{10}) - P_{11}ln(P_{11}) \tag{7.3}$$

Lorsque la séquence de O est très longue $(n \to \infty)$, $H(n) \to H^*$. H^* représente l'entropie exacte du processus générant la séquence O (Shannon, 1948). L'utilisation de l'entropie comme mesure de variabilité de Γ nous garantie que $H(n)$ sera nulle seulement dans un des deux cas suivants : $P_{00} = 1$ ou $P_{11} = 1$.

En effet, si $P_{00} = 1$, d'après l'expression 7.1, $P_{01} = 0$ signifiant qu'aucune transition vers S_1 n'est enregistrée. L'entropie d'une telle séquence est équivalente à celle d'un système dont le seul état est S_0. Elle est nulle. Le même raisonnement s'applique dans le cas où $P_{11} = 1$.

Toute présence de changements de Γ se traduit pas une valeur de $H(n) > 0$.

7.3.1 Approximations successives de l'entropie

Shannon (Shannon, 1948) a démontré que l'entropie H^* est approximée successivement par le calcul de $H(n), n = 0, ...$ Lorsque $n \to \infty$, $H(n) \to H^*$. $H(n)$ est donc une approximation d'ordre n de H^*. Ce résultat permet en pratique de disposer d'une valeur approchée de H^* au fur et à mesure que les symboles sont observés. En l'absence de connaissance suffisante sur les fonctions de distribution de chaque symbole, l'approximation suivante de probabilité du symbole O_{ij} est utilisée (Shannon, 1948) :

$$P_{ij} \approx \frac{N_{ij}}{n+1} \tag{7.4}$$

où N_{ij} est le nombre d'apparitions du symbole O_{ij} dans la séquence O obtenue à l'instant n.

Pour des raisons pratiques, il est préférable que la valeur H soit comprise entre 0 et 1. Sachant que la valeur maximale de $H(n)$ est $ln(4)$, l'expression de l'entropie normalisée est :

$$H_\Gamma = \frac{H}{ln(4)} \tag{7.5}$$

L'aptitude du pilote α est donc fonction des deux composantes suivantes : $H_\Gamma \in [0, 1]$ et $P_{00} \in [0, 1]$. Il est désirable que α décroisse lorsque qu'une des deux composantes croît. La fonction exponentielle décroissance souvent rencontrée en robotique (C. Urdiales et Sandoval, 2007) est une bonne candidate. Son expression est représentée par :

$$\alpha(n) = e^{-\left(\frac{K_0 P_{00}(n)}{1 - K_0 P_{00}(n)} + \frac{K_H H_\Gamma(n)}{1 - K_H H_\Gamma(n)}\right)} \tag{7.6}$$

où $K_0 \in [0, 1]$ et $K_H \in [0, 1]$ sont deux coefficients permettant d'ajuster le poids de chacune des deux composantes dans la détermination de $\alpha(n)$. Les dénominateurs $(1 - K_0 P_{00}(n))$ et $(1 - K_H H_\Gamma(n))$ sont introduits dans l'expression 7.6 afin permettre à α de tendre vers 0 quand P_{00} ou H_Γ tend vers 1.

La figure 7.5 représente l'évolution de l'aptitude en fonction des deux composantes, lorsque $K_0 = 1$ et $K_H = 1$. Nous observons que α varie de 0 à 1 et qu'elle décroissante.

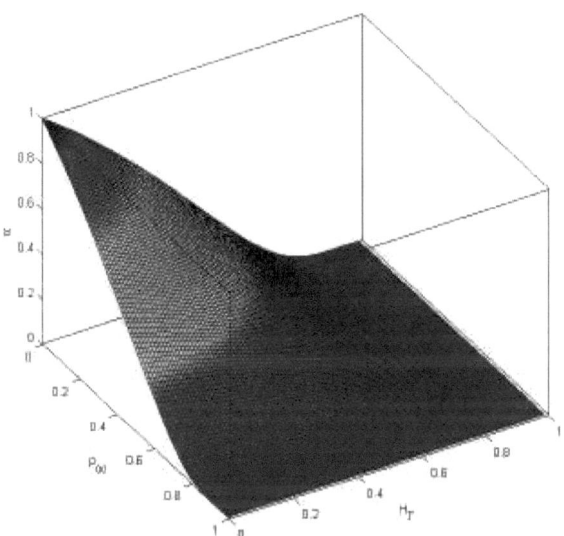

Figure 7.5 Évolution de l'aptitude

.

7.3.2 Exemples de détermination de l'aptitude du pilote

Afin d'illustrer la détermination de α, considérons les trois séquences de Γ représentés sur la figure 7.3. Toutes les séquences ont une longueur $N = 30$. En observant les graphiques (B) et (C), nous remarquons que les changements de valeurs de Γ sur le graphique (C) sont des versions translatées des changements de valeurs de Γ sur le graphique B. Il serait raisonnable que les valeurs de α de ces deux graphiques soient semblables.

La première étape consiste à calculer P_{00} pour chaque séquence :

– séquence du graphique (A) : $P_{00} = 0.3333$;

– séquence du graphique (B) : $P_{00} = 0.1333$;

– séquence du graphique (C) : $P_{00} = 0.1333$.

La seconde étape consiste à évaluer les probabilités approximatives d'apparition de chaque symbole P_{ij}. Ces valeurs sont présentées dans la tableau 7.2. Les détails de calculs sont présentés en annexes 4.

Tableau 7.2 Probabilités approximatives des symboles

Séquence	O_{00}	O_{01}	O_{10}	O_{11}
A	0.3333	0.0667	0.0667	0.533
B	0.1333	0.0667	0.0667	0.7333
C	0.1333	0.0667	0.0667	0.7333

Nous remarquons que les valeurs de P_{ij} des graphiques (B) et (C) sont identiques. Ce qui est cohérent avec la réalité.

La troisième étape consiste à calculer les valeurs approchées de H^*. Ces valeurs sont ensuite normalisées. Connaissant P_{00} et H_Γ, les différentes aptitudes sont calculées dans la quatrième étape. Les résultats de ces calculs sont résumés dans le tableau 7.3. Notons que P_{00} et H_Γ sont calculés pour $N = 30$. $K_0 = 1$ et $K_H = 1$. Notons également que α a la même valeur pour B et C.

Tableau 7.3 Aptitudes au pilotage

Graphique	A	B	C
H_Γ	0.7665	0.6183	0.6183
P_{00}	0.3333	0.1333	0.1333
α	0.0228	0.1697	0.1697

L'aptitude, en considérant le graphique (A), est inférieure aux deux autres valeurs d'aptitudes en raison de l'étalement des transitions sur toute la séquence. En pratique, ceci témoigne d'un pilote qui n'arrive pas à atteindre un état stable. Par contre, les graphiques

(B) et (C) témoignent du comportement de pilotes ayant réussi, malgré les difficultés de début, à atteindre l'état stable 1 pendant une période de temps un plus longue que dans le cas du graphique (A).

7.3.3 Simulation et analyse théorique

La composante H_Γ est moins susceptible de changer brusquement en raison de la prise en compte de longues séquences de valeurs passées de Γ. Cette évolution progressive permet à la valeur de l'aptitude de ne pas changer brusquement. En effet, α sera utilisée comme paramètre pour déterminer le niveau de contribution du module semi-autonome pendant le contrôle collaboratif. Un changement brusque de ce paramètre aura pour effet un transfert de contrôle trop rapide entre le pilote et le module semi-autonome. Ce transfert trop rapide peut avoir pour effet de provoquer des mouvements brusques de la plate-forme. Les deux coefficients K_0 et K_H de l'expression 7.6 permettent d'ajuster le poids de chaque composante dans la détermination de l'aptitude du pilote.

Dans l'exemple suivant, nous étudions l'évolution dynamique de α et de ses deux composantes (P_{00} et H_Γ). Considérons un scénario théorique dans lequel, un pilote éprouve de la difficulté à conduire sécuritairement une plate-forme entre deux dangers rapprochés de S_{hm}. La figure ci-dessous illustre une séquence de Γ typique (graphique A), l'évolution de P_{00} pour $N = 10$ (graphique B) et l'évolution de H_Γ (graphique C) et l'évolution de α pour $K_0 = 0.25$ et $K_H = 0.75$ (graphique D).

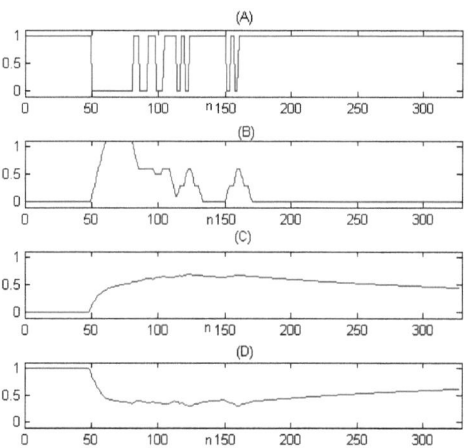

Figure 7.6 Simulation :(A) $\Gamma(n)$; (B) $P_{00}(n)$; (C) $H_\Gamma(n)$
; (D) $\alpha(n)$

L'analyse de la simulation se fera en trois phases : démarrage (de n=0 à n=50), intermédiaire (n=51 à n=200) et finale (de n=201 à n=325).

Phase de démarrage : lors de cette phase, les signaux de contrôle U_h sont sécuritaires. $P_{00} = 0$ et $H_\Gamma = 0$; la valeur de l'aptitude du pilote est donc élevée.

Phase intermédiaire : au cours de cette phase, la présence de $\Gamma = 0$ fait en sorte que $P_{00} > 0$. Au même moment, la valeur approchée de l'entropie augmente graduellement. L'aptitude du pilote décroît.

Phase finale : dans la phase, les signaux U_h sont redevenus sécuritaires. $P_{00} = 0$, cependant H_Γ décroît progressivement, permettant une remontée tout aussi progressive de l'aptitude du pilote.

7.3.4 Évaluation expérimentale de l'aptitude du pilote

Le but de l'expérimentation est de valider la méthode d'estimation de l'aptitude pilote en tenant compte des deux types d'inaptitudes mentionnés dans ce chapitre.

Environnement et scénario de navigation

L'environnement expérimental est illustré sur la photo ci-dessous. Divers objets faisant office de dangers sont placés dans l'environnement. Un couloir étroit et non rectiligne (largeur maximale moyenne de $85cm$, largeur de la plate-forme expérimentale de $55cm$) est érigé à l'aide de plaques de styromousse.

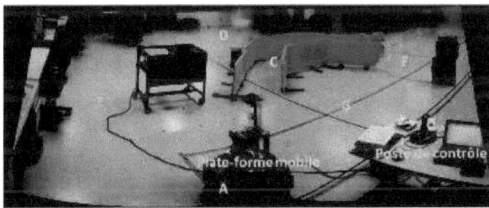

Figure 7.7 Photo panoramique de l'environnement de navigation

Le pilote est assis près du poste de contrôle. Une partie du couloir curviligne lui est non visible. Le rôle du module semi-autonome se limite à arrêter la plate-forme en face d'un danger imminent, sans changer de direction. Partant de la position de départ spécifiée par la lettre A, le pilote doit :

– traverser le couloir en passant par les points marqués B et C ;

– à la sortie du couloir, il doit tourner dans le sens anti-horaire et passer par les points D et E avant de terminer au point A.

Résultats expérimentaux

Sur la figure 7.8 sont représentés les résultats expérimentaux. Le graphique (A) représente l'évolution de Γ pendant l'expérience. Nous remarquons que $20s$ après son départ, le pilote éprouve des difficultés à contrôler sécuritairement la plate-forme (présence de changements dans la courbe de Γ). Cette période correspond à la traversée de la partie du couloir non complètement visible au pilote. L'évaluation de l'inaptitude de type 1 se fait sur une période de $3s$. Le résultat de cette évaluation est présenté sur le graphique (B). Nous remarquons également que P_{00} présente des valeurs élevées pendant cette période. Au même, l'évaluation de l'inaptitude de type 2 (graphique (C)) présente une progression en partant de 0. Cette progression s'arrête au moment où les signaux de contrôle deviennent sécuritaires. Par la suite, une régression lente s'amorce jusqu'à la fin de l'expérience. Les évolutions dynamiques de P_{00} et de Γ justifient l'allure du graphique (D) qui est la représentation de l'aptitude du pilote.

Le calcul de l'entropie peut s'avérer lourd lorsque le temps augmente. Une manière de limiter cet inconvénient est de recommencer l'évaluation de H_Γ lorsque sa valeur décroît en deçà d'une certaine limite.

Cette expérience montre que dans le contexte d'un contrôle collaboratif, l'utilisation de α permettrait de module en douceur le niveau de contribution du module semi-autonome.

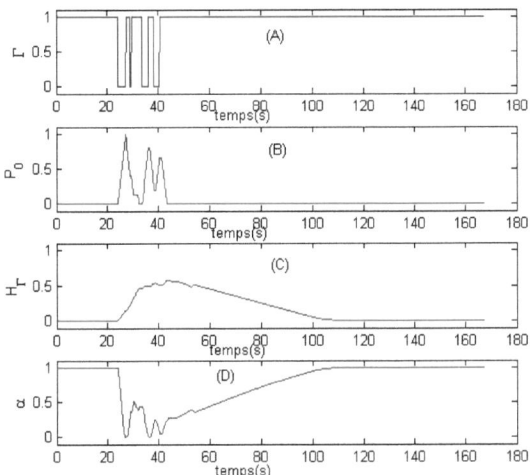

Figure 7.8 Évaluation expérimentale de l'aptitude d'un pilote pendant la traversée d'un corridor étroit.

7.4 Approche délibérative de contrôle collaboratif basée sur l'estimation de l'aptitude au pilotage

La section précédente a fait l'objet de la présentation d'une méthode d'estimation de l'aptitude du pilote. Dans le contexte du contrôle collaboratif, il est raisonnable d'utiliser ce paramètre afin de moduler le niveau d'assistance du module semi-autonome. Avant de présenter l'approche de contrôle collaboratif, nous rappelons la problématique

7.4.1 Problématique de délibération

L'objectif principal de notre approche est de concevoir un système qui peut permettre à un pilote et un module semi-autonome de collaborer pendant les tâches navigation. Étant donné que chaque agent (pilote ou module semi-autonome) possède son propre système de perception, plusieurs situations peuvent se produire dans lesquelles :

– un danger appartient à S_h ; la priorité du contrôle devrait être confiée au pilote, quelle quen soit son aptitude au pilotage. En effet, ce type de danger n'étant pas détectable par le module semi-autonome, ce dernier considère alors qu'il n'y a pas de danger et donc que le pilote est apte ;

– un danger appartient à S_m ; la priorité de contrôle devrait être confiée au module semi-autonome ;

– un danger appartaient à S_{hm}. Une délibération est requise afin de déterminer un seul signal de contrôle à utiliser par la plate-forme.

Le problème consiste donc à trouver une procédure de délibération permettant d'attribuer les priorités ci-dessus mentionnées.

7.4.2 Approche délibération basée sur l'aptitude au pilotage

La solution au problème ci-dessus mentionné peut être schématiquement représentée par le digramme de contrôle collaboratif de la figure 7.9. Sur ce diagramme, le module semi-autonome utilise le signal du pilote U_h afin de générer son propre signal U_m en utilisant l'approche présentée dans le chapitre 5. La couche délibérative s'occupe de :

– déterminer l'aptitude du pilote α ;

– utiliser α pour déterminer la contribution de U_m dans l'élaboration du signal collaboratif U. C'est le médiateur qui est responsable de cette tâche.

Le signal $U = [v, \omega]'$ déterminé par la couche délibérative est alors appliqué à la plate-forme mobile. L'exécution de ce signal entraîne une mise à jour de la configuration X.

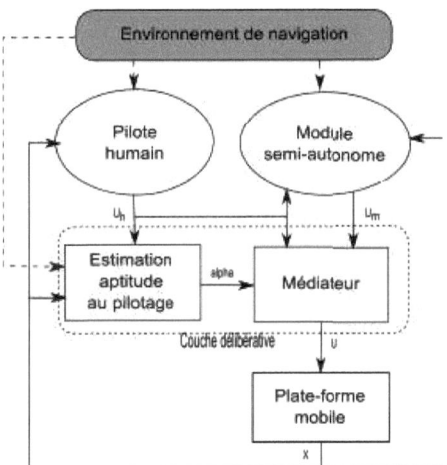

Figure 7.9 Diagramme de contrôle collaboratif

Étant donné que les deux agents ne sont pas en compétition, un choix raisonnable du signal $U(n)$ est de le considérer comme étant une somme pondérée de $U_h(n)$ et $U_m(n)$. L'agent ayant la plus grande priorité aura le poids le plus important. Résoudre le problème de contrôle délibératif revient alors à trouver les poids correspondants aux signaux de chaque agent. Le but de la collaboration étant d'assister le pilote, nous considérons alors l'aptitude du pilote représente le poids de son contrôle. En effet, si $\alpha(n)$ est élevée, le pilote est apte, par conséquence, le poids de U_h devrait être élevé. Dans le cas contraire le poids de U_h devrait être faible. Comme $\alpha(n) \in [0,1]$, le poids de $U_m(n)$ est alors $(1-\alpha(n))$. L'expression de $U(n)$ est :

$$U(n) = \alpha(n)U_h(n) + (1 - \alpha(n))U_m(n) \tag{7.7}$$

La figure 7.10 présente le diagramme des signaux de contrôle. Les vecteurs $\vec{OD}$ et $\vec{OA}$ représentent respectivement le signal du pilote U_h et la portion de ce signal qui intervient dans la génération de U. Les vecteurs $\vec{OE}$ et $\vec{OB}$ représentent respectivement le signal du module semi-autonome U_m et la portion de ce signal qui intervient dans la génération de U. L'extrémité C du vecteur représentant U se situe sur le segment de droite $[DE]$. $\vec{OC}$ tend vers $\vec{OD}$ lorsque α tend vers 1. Ce cas représente un contrôle de la plate-forme par un pilote apte. $\vec{OC}$ tend vers $\vec{OE}$ lorsque α tend vers 0. Ce cas représente un contrôle de la plate-forme par un module semi-autonome.

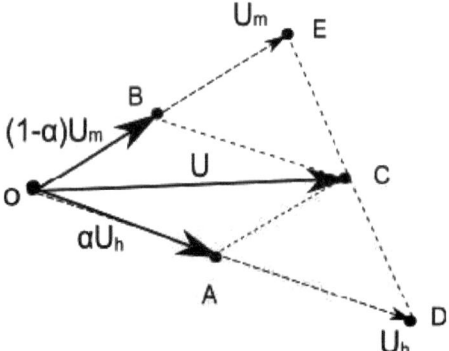

Figure 7.10 Diagramme des signaux de contrôle

Bien que la méthode de délibération proposée soit efficace, elle ne garantit pas l'absence de rencontre avec des dangers dans le cas où un danger de S_h et un autre danger de S_m sont simultanément présents dans l'environnemnt. En effet, dans sa tentative d'éviter le danger S_h, le pilote peut produire U_h dont l'application peut entraîner la rencontre avec le danger de S_m. De son côté, ayant perçu le danger de S_m et en prenant en compte le signal U_h, le module semi-autonome peut générer U_m dont l'effet sur la plate-forme produirait une rencontre avec le danger de S_h.

7.4.3 Validation expérimentale

Le but de l'expérimentation présentée dans cette section est de démontrer qu'en utilisant l'approche de délibération basée sur l'estimation de l'aptitude du pilote, un pilote et un module semi-autonome de navigation sont conjointement en mesure d'éviter des rencontres avec des dangers présents autours de la plate-forme dans les cas suivants :
– les dangers sont de type S_h ;
– les dangers sont de type S_m ;
– les dangers sont de type S_{hm} ;
– une partie des dangers sont de type S_h et l'autre partie des dangers sont de type S_m.

Environnement de navigation et procédure expérimentale

L'environnement de navigation utilisé lors des tests de validation est représenté sur la figure 7.11

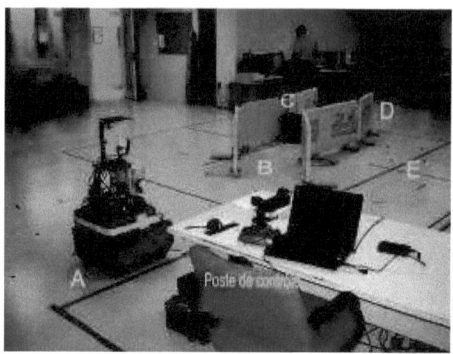

Figure 7.11 Environnement de test de l'approche de délibération

Trois séries de tests ont été effectuées. Pour tous les tests, la plate-forme doit passer par les points A, B, C, D, E et A. Les points de passage B, C et D sont à l'intérieur d'un couloir étroit et curviligne de $85cm$ de largeur moyenne. La largeur de la plate-forme est de $55cm$. Près de la position C se trouve un obstacle visible au pilote mais non visible au module semi-autonome en raison de sa petite hauteur. Pour ces raisons, le danger au point C est de type S_h. Le pilote est assis près du poste de contrôle et doit conduire sécuritairement la plate-forme positionnée en A. La position du pilote lui permet de percevoir tous les dangers entre A, B et C d'une part et entre D, E et A d'autre part. De plus, tous les dangers présents sur ces deux portions du parcours sont aussi perceptibles par le télémètre laser de la plate-forme mobile. Ces dangers sont donc de type S_{hm}. La portion du parcours entre C et D n'est pas visible au pilote en raison de sa position près du poste de contrôle. Les parois du couloir entre ces deux points sont donc des dangers de type S_m.

La difficulter de ce parcours réside dans la présence à la fois de dangers de type S_h et S_m au point C. En effet, percevant l'obstacle, le pilote tentera de l'éviter en conduisant la plate-forme vers le mur du couloir situé à droite de la plate-forme. Or, il n'est pas en mesure de percevoir l'espace libre pour sa manoeuvre d'évitement de ce danger. Par ailleurs, l'obstacle n'étant pas visible au télémètre laser, le module semi-autonome ne peut l'éviter seul.

Dans la première série de tests, le parcours prédéfini est enregistré à l'intérieur du module semi-autonome qui doit l'exécuter sans l'apport du pilote humain. Dans la seconde série de tests, le pilote humain seul exécute le même parcours. La troisième série de tests concerne le contrôle collaboratif impliquant les deux agents.

Résultats expérimentaux et discussion

Contrôle par le module semi-autonome : Sur la figure 7.12 sont représentées la carte d'occupation et la trajectoire (formée de carrés noirs superposés) suivie par la plate-forme pendant l'exécution du parcours. Cette carte est obtenue par la méthode de navigation et de localisation simultanée (SLAM) (Eliazar et Parr, 2003). Un rectangle de couleur jaune représentant le danger S_h est rajouté à la carte afin de faciliter l'interprétation des résultats. La trajectoire de la plate-forme traverse le danger. Ce qui signifie que le module semi-autonome seul n'a pas été en mesure d'éviter le danger de type S_h. Par contre, aucune collision n'est enregistrée avec les parois du couloir.

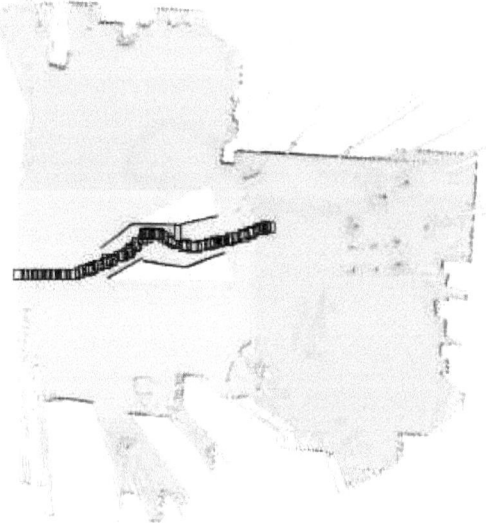

Figure 7.12 Trajectoire de la plate-forme mobile contrôlée par le module semi-autonome à l'intérieur de la carte d'occupation.

Contrôle par le pilote : La figure 7.13 présente la trajectoire suivie par la plate-forme sous le contrôle du pilote seul. La portion du parcours entre A et C s'est déroulée sans contact avec le danger S_h en C et les parois du couloir. Cependant, il n'a pas été en mesure d'éviter le mur de droite après avoir évité le danger en C. Comme ce mur est formé de plusieurs sections de panneaux en styromousse, tout contact entraîne le déplacement d'une section de ces panneaux. Le déplacement d'un panneau pendant l'exécution de la navigation et de la localisation simultanée est observable sur cette figure par des contours flous de cette portion du couloir.

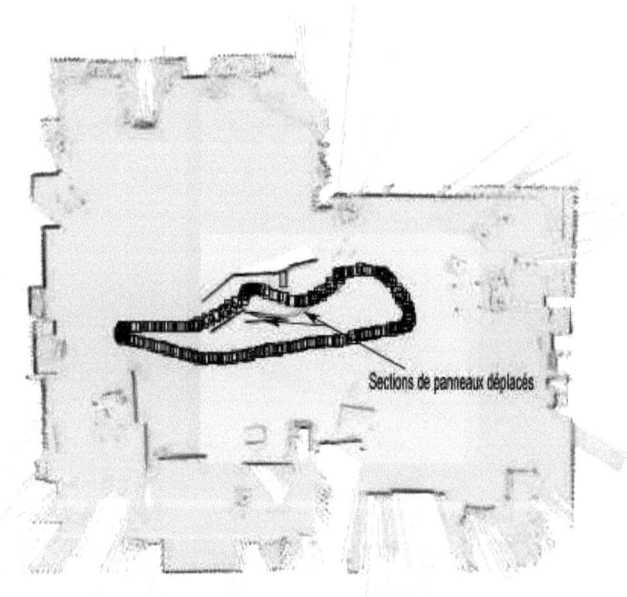

Figure 7.13 Trajectoire de la plate-forme mobile contrôlée par le pilote seul.

Contrôle collaboratif : Le pilote, avec l'assistance du module semi-autonome, a effectué 10 fois le parcours de test. Il y a eu au total 2 accrochages (la plate-forme effleure les sections de panneaux formant le mur). Aucun contact direct n'a été observé. La figure 7.14 présente une trajectoire suivie par la plate-forme lors du test en mode collaboratif. Nous remarquons qu'il n'y a eu aucun contact ni avec le danger S_h, ni avec le danger S_m.

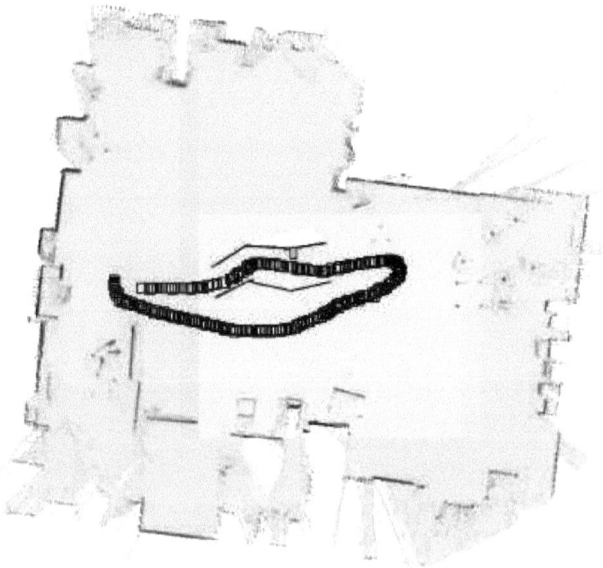

Figure 7.14 Trajectoire de la plate-forme mobile contrôlée par les deux agents.

Sur la figure 7.15, nous observons que le graphique de Γ présente des variations entre t=30s et t=56s. C'est la période la plus critique du test. Elle correspond au parcours entre les points B et D.

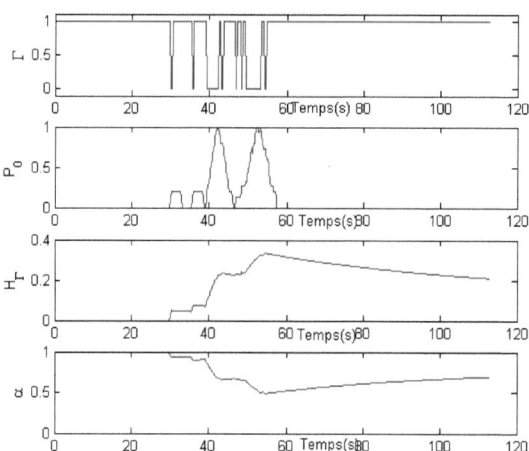

Figure 7.15 Différentes composantes de l'aptitude du pilote

La figure 7.16 illustre l'évolution de l'aptitude du pilote et les différents signaux de contrôle impliqués.

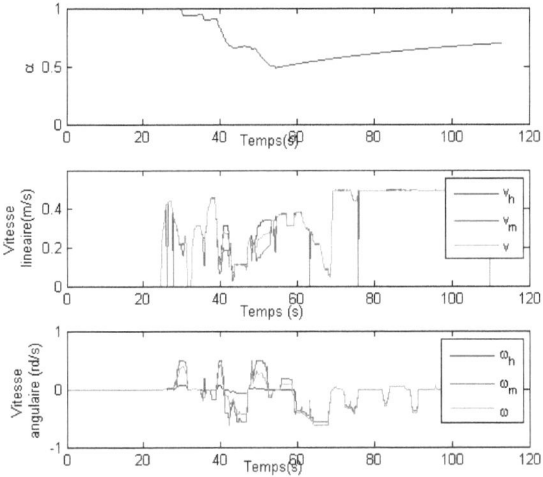

Figure 7.16 Signaux de contrôle pendant le test de validation

Sur cette figure, nous remarquons trois phases distinctes. La première phase commence à t=0s jusqu'à t=37s. L'aptitude du pilote est élevée. Cette phase correspond au parcours entre les points A et B. Aucun danger n'est présent sur cette portion. La composante linéaire du signal de contrôle collaboratif v (de couleur verte) suit la composante linéaire du signal de contrôle du pilote v_h (couleur bleue). La même observation est applicable pour les vitesses angulaires.

Entre les points B et C, il y a présence de dangers de type S_{hm}. Le parcours de cette portion du trajet s'échelonne entre t=38s et t=45s. Nous observons que le module autonome génère de signaux de contrôle afin de corriger légèrement la trajectoire de la plate-forme, lorsque le pilote est trop près d'un danger. Pendant ce temps, l'aptitude décroît légèrement.

Entre C et D (de t=46s à t=55s), le pilote contourne le danger de type S_h. Cependant ses signaux de contrôle sont non sécuritaires vis-à-vis des dangers de S_m. C'est pourquoi

α décroît rapidement afin de permettre un apport substantiel des signaux de contrôle du module semi-autonome. Nous observons clairement que c'est au cours de cette période que l'écart entre les signaux de contrôle du pilote et ceux du module semi-autonome est le plus marqué. Il est à remarquer que malgré la présence d'un signal de vitesse angulaire du pilote, le signal collaboratif qui est appliqué est plus proche du signal du module semi-autonome. La plate-forme a réussi à éviter les deux types de dangers grâce à l'apport du pilote et du module semi-autonome. Ce dernier, en raison de l'utilisation de la méthode de CPA directionnel a généré les signaux requis pour à la fois éviter le mur et surtout ne pas entrer en collision avec le danger de type S_h. S'il avait utilisé l'approche classique de CPA, la correction de trajectoire introduite par la présence trop rapprochée du mur de droite aurait été trop grande, ce qui aurait eu pour effet de provoquer une rencontre avec le danger de type S_h.

Entre les points D et A en passant par E, aucun danger n'entravait le parcours sécuritaire de la plate-forme. Le signal de contrôle collaboratif (couleur verte) est presque identique au signal du pilote (couleur bleue), malgré le fait que l'aptitude du pilote soit inférieure à 1. En l'absence de dangers de S_m ou de S_{hm}, le module semi-autonome est conçu pour suivre le signal de contrôle de l'usager.

Ce test démontre comment le système collaboratif évite les dangers dans les cas mentionnés dans l'objectif de cette thèse.

7.4.4 Limites de l'approche de collaboration par estimation de l'aptitude du pilote

L'aptitude du pilote remonte lentement après une décroissance de sa valeur. Cette dynamique permet l'intervention rapide du module semi-autonome en cas de besoin d'assistance et de prolonger cet apport sur une période plus longue que nécessaire. Ce qui pourrait déranger un pilote qui désire conserver le plus longtemps possible le contrôle de la plate-forme. Par ailleurs, la méthode ne peut garantir l'évitement des dangers de S_h et de S_m lorsque ces deux types de dangers sont présents simultanément. Par contre, l'approche proposée réduit les risques de rencontre avec ces dangers.

7.5 Conclusion

Le but premier du module semi-autonome est d'assister le pilote dans ses manoeuvres de navigation. Cependant, cette assistance n'est effective qu'en tenant compte de l'aptitude du pilote. En définissant l'aptitude comme étant la capacité à l'évitement de dangers, nous avons montré que son évaluation est liée à celle de la charge de travail. Après avoir mis en lumière les limitations de méthodes classiques d'évaluation de charge de travail telle, les méthodes par mesures physiologiques, par mesures de performance, par mesures de paramètres indirects et par mesures systémiques, nous avons proposé le concept d'estimation de l'aptitude comportementale du pilote. Cette méthode présente l'avantage d'une estimation sans dispositifs de mesure supplémentaires. À l'aide de cette estimation, un schéma de délibération résolvant le problème de contrôle collaboratif est proposé. L'analyse de l'approche de délibération montre qu'elle est efficace en terme de rapidité de calcul et qu'elle couvre les situations les plus usuelles. Par ailleurs, elle procure une fluidité du mouvement de la plate-forme. Toutefois, elle ne garantie pas d'évitement de dangers lorsque des dangers de S_h et de S_m existent simultanément autour de la plate-forme. L'approche proposée réduit néanmoins les risques d'évènements dangereux.

CHAPITRE 8

EXPÉRIMENTATIONS, ANALYSES ET DISCUSSIONS

8.1 Introduction

Dans le but de valider de manière globale les concepts développés dans les chapitres précédents, nous présentons plusieurs expérimentations, analysons et discutons les résultats. Les expériences visent à valider :

- la capacité du système collaboratif à assister un pilote dans un environnement intérieur et encombré ;
- l'absence de confusion de la part du pilote en raison de l'interférence du module semi-autonome.

Le reste du chapitre est organisé en quatre sections. La section 2 présente l'environnement de navigation ainsi l'architecture robotique utilisée pendant les évaluations. Dans la section 3, nous présentons la procédure expérimentale permettant d'atteindre les objectifs de tests énoncés précédemment. La section 4 est consacrée à la présentation et à l'analyse des résultats. La section 5 présente une conclusion.

8.2 Environnement expérimental

Les expériences se sont déroulées au 5ème étage du pavillon Lassonde de l'École Polytechnique de Montréal. L'environnement choisi est celui d'un édifice à bureaux couramment rencontré. Il est formé d'une salle meublée, de portes (ouvertes ou fermées), de couloirs et d'intersections. La vue ci-dessous est une mosaïque formée par différentes photos de sections composant l'environnement de navigation. La figure 8.2 représente le plan de l'environnement de navigation tel que perçu par le télémètre laser embarqué sur la plate-forme expérimentale. Une vue de cette dernière est présentée sur la figure 8.3. La plate-forme mobile est munie d'une caméra sans fil à faible angle. L'orientation de cette caméra fait en sorte que l'espace de navigation perçu par son utilisateur se réduit à un cône de $3.5m$ de long et de $1.5m$ de diamètre à sa base. Cette configuration permet de créer des contextes de navigation présentant beaucoup d'angles morts pour un pilote téléopérant la plate-forme. Le parcours suivi par la plate-forme est dans l'ordre : A, B, C, D, E, F, G, H, I, J, K, L, M, N et A. Ce parcours est illustré par des lettres alphabétiques sur les figures 8.1 et 8.2. Plusieurs contextes de navigation difficiles sont présents sur ce parcours.

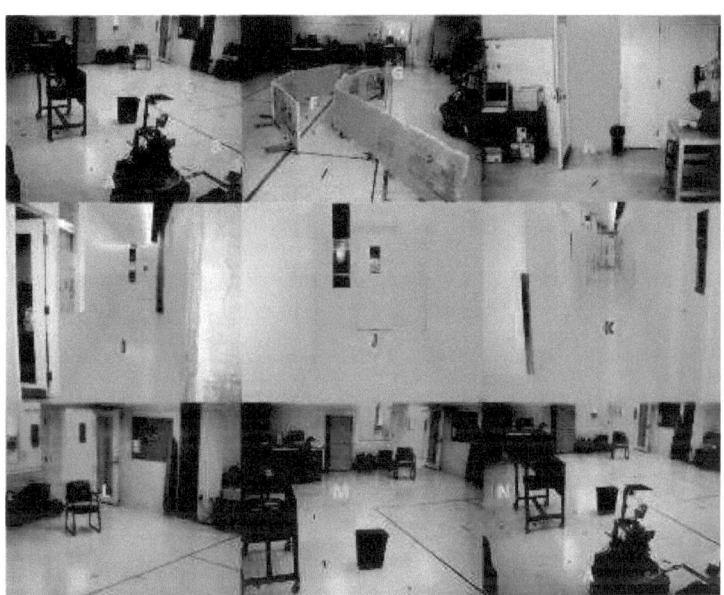

Figure 8.1 Photos de l'environnement expérimental

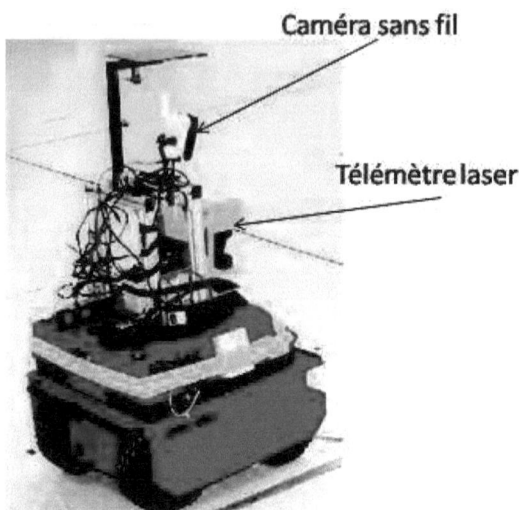

Figure 8.2 Vue de la plate-forme expérimentale

Figure 8.3 Carte de l'environnement expérimental réalisé à l'aide de la méthode localisation et de navigation simultanée

La première difficulté se trouve au point de passage D. En effet, après avoir dépassé le point de passage C, la plate-forme doit se déplacer entre deux obstacles : (la table amovible) à sa droite et un autre obstacle (la poubelle à sa gauche). L'obstacle à droite (la table amovible) est perceptible par le module semi-autonome tandis que celui à gauche (la poubelle) ne l'est pas en raison de sa hauteur réduite et de la position du télémètre laser sur la plate-forme. De son côté, le pilote perçoit les deux obstacles à travers la caméra sans fil. L'obstacle à droite est donc un danger de type S_{hm}, tandis que celui à gauche est un danger de type S_h.

La seconde difficulté est le passage à l'intérieur du couloir étroit non rectiligne. En effet, le module semi-autonome doit être suffisamment efficace pour prévenir les contacts avec les deux côtés du couloir tout en acceptant que la plate-forme ne soit pas centrée sur la ligne du milieu du couloir. Notons que l'utilisation de l'approche classique de CPA engendre souvent dans le couloir des mouvements oscillatoires (C. Urdiales et Sandoval, 2007).

Les troisième et quatrième difficultés se trouvent aux points de passage G et H (voir la vue 8.4). À ces deux endroits se trouvent des dangers de type S_h. Le point de passage H possède à la fois la difficulté de passer à travers la porte (danger de type S_{hm}) et celle d'éviter le danger S_h.

Pendant le déroulement des opérations de navigation, il y avait des personnes qui circulaient dans les couloirs rectilignes (points de passage I, K).

Figure 8.4 Vues détaillées aux points de passages G et H

L'architecture robotique utilisée pour toutes les expérimentations est présentée en annexe 5.

8.3 Procédure expérimentale

Quatre personnes volontaires ont été invitées à participer aux expériences. Un participant est assis près du point de contrôle A et contrôle la plate-forme en utilisant la caméra sans fil et une manette jeu. Une période maximale de 10 min est accordée à chaque participant afin de s'habituer au contrôle via la caméra de la plate-forme expérimentale. Pendant la période d'entraînement (en dehors du parcours de test), le rôle du module semi-autonome se limite à prévenir toute collision frontale avec un danger.

Une fois la période d'entraînement terminée, chaque participant doit exécuter 4 fois le parcours décrit précédemment. Deux modes de navigation ont été testés : contrôle manuel et contrôle collaboratif. En mode contrôle manuel, seul le pilote contrôle la plate-forme. Les données sensorielles sont enregistrées aux fins d'analyse. En mode collaboratif, toutes les fonctions développées dans cette thèse sont mises à contribution pour assister le participant. Deux des quatre exécutions sont en mode manuel, tandis que les deux autres sont en mode collaboratif. L'ordre dans lequel les différents modes sont activés n'est pas communiqué au participant. Par exemple, le premier participant a effectué les expériences dans l'ordre suivant : manuel-collaboratif-manuel-collaboratif. Le second a eu comme ordre de modes : collaboratif-manuel-manuel-collaboratif.

Deux consignes sont données au début du test :

– suivre le parcours dont des repères visuels sont disposés sur la surface de navigation ;
– contrôler de manière sécuritaire, autant que possible, la plate-forme.

Toutes les données de mesures télémétriques, les signaux de contrôle des différents agents et les données odométriques sont enregistrés.

À la fin de chaque exécution du parcours, le participant est invité à dire la section du parcours qui a été la plus difficile à exécuter parmi les sept sections suivantes :

– section 1 : A, B et C
– section 2 : D
– section 3 : E, F et G
– section 4 : H
– section 5 : I, J, K
– section 6 : L
– section 7 : M, N et A

À la fin des quatre exécutions de parcours, le participant est invité à donner d'après son expérience, l'exécution la moins éprouvante.

8.4 Résulats et analyses

La figure 8.5 est un exemple de parcours suivi par la plate-forme. La carte est obtenue en faisant de la navigation et de la localisation simultanée.

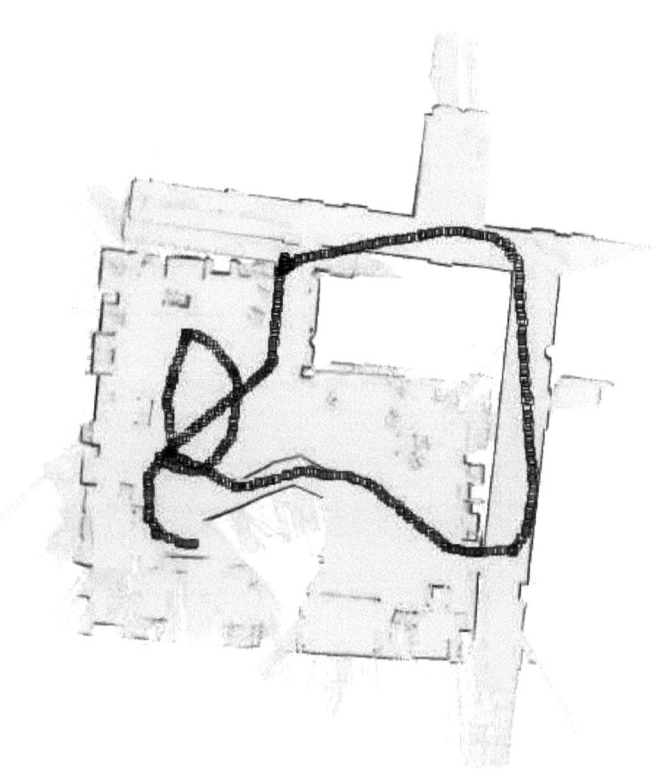

Figure 8.5 Exemple d'exécution du parcours

Tableau 8.1 Données du pilote I

Exécution	Modes	Nombre de collisions	Temps d'exécution (s)
1	manuel	2	576
2	collaboratif	1	523
3	manuel	3	589
4	collaboratif	1	513

Tableau 8.2 Données du pilote II

Exécution	Modes	Nombre de collisions	Temps d'exécution (s)
1	collaboratif	2	288
2	manuel	4	409
3	manuel	3	502
4	collaboratif	0	270

Tableau 8.3 Données du pilote III

Exécution	Modes	Nombre de collisions	Temps d'exécution (s)
1	manuel	0	454
2	manuel	1	409
3	collaboratif	0	304
4	collaboratif	0	307

Tableau 8.4 Données du pilote IV

Exécution	Modes	Nombre de collisions	Temps d'exécution (s)
1	collaboratif	2	434
2	collaboratif	0	401
3	manuel	3	502
4	manuel	5	607

D'après les tableaux ci-dessus, il y a eu au total 21 collisions directes avec des dangers pour les quatre pilotes en mode manuel. En mode collaboratif, 6 collisions ont été recensées. Toutes les collisions dans ce mode sont survenues avec des dangers de S_h au point de passage D. La distance de $75cm$ entre les deux dangers est contraignant pour les manoeuvres du pilote. En effet, au point de passage H, nous avons un contexte similaire à celui du point de passage D. Cependant, la distance entre les deux dangers est de $87cm$ et aucune collision n'est enregistrée. Par ailleurs, la caméra ne permet pas d'évaluation avec précision la distance avec les dangers. En mode manuel, les collisions sont survenues aux endroits suivants :

Tableau 8.5 Lieux de collisions en mode manuel

Lieu	Nombre de collisions
section 1	0
section 2	7
section 3	13
section 4	0
section 5	0
section 6	1
section 7	0

Le temps d'exécution en mode collaboratif est inférieur à celui obtenu en mode manuel. Ce résultat est essentiellement dû au nombre de collisions qui sont moins nombreuses en mode collaboratif qu'en mode manuel.

Le recensement de données concernant les sections les plus difficiles à exécuter en mode manuel est résumé dans les tableaux 8.6, 8.7, 8.8 et 8.9. Dans ces tableaux, la ligne portant la mention *Section difficile* est interprétée comme suit :

– une valeur 1 indique que la section correspondant est jugée difficile par le pilote ;

– une valeur 0 indique que la section correspondant n'est pas difficile.

À l'aide des données télémétriques, l'aptitude de chaque pilote pour chaque exécution en mode manuel a été générée. À partir des valeurs instantanées de l'aptitude d'une exécution du parcours, nous avons calculé les valeurs moyennes d'aptitude pour chaque section du parcours.

Tableau 8.6 Sections difficiles à exécuter d'après le pilote I

Section	1	2	3	4	5	6	7
Exécution en mode manuel I							
Aptitude moyenne estimée	1	0.60	0.69	0.95	0.95	0.80	0.95
Section difficile	0	0	1	0	0	0	0
Exécution en mode manuel II							
Aptitude moyenne estimée	1	0.63	0.69	0.97	0.95	0.85	0.96
Section difficile	0	1	0	0	0	0	0

Tableau 8.7 Sections difficiles à exécuter d'après le pilote II

Section	1	2	3	4	5	6	7
Exécution en mode manuel I							
Aptitude moyenne estimée	1	0.46	0.40	0.90	0.95	0.87	1
Section difficile	0	1	0	0	0	0	0
Exécution en mode manuel II							
Aptitude moyenne estimée	1	0.60	0.60	0.87	0.90	0.85	0.99
Section difficile	0	1	0	0	0	0	0

Tableau 8.8 Sections difficiles à exécuter d'après le pilote III

Section	1	2	3	4	5	6	7
Exécution en mode manuel I							
Aptitude moyenne estimée	1	0.63	0.69	0.97	0.95	0.95	0.95
Section difficile	0	1	0	0	0	0	0
Exécution en mode manuel II							
Aptitude moyenne estimée	1	0.63	0.59	0.85	0.90	0.95	0.96
Section difficile	0	1	0	0	0	0	0

Tableau 8.9 Sections difficiles à exécuter d'après le pilote IV

Section	1	2	3	4	5	6	7
Exécution en mode manuel I							
Aptitude moyenne estimée	1	0.66	0.67	0.95	0.95	0.97	0.97
Section difficile	0	1	0	0	0	0	0
Exécution en mode manuel II							
Aptitude moyenne estimée	1	0.60	0.62	0.97	0.90	0.95	0.99
Section difficile	0	0	1	0	0	0	0

En mode manuel, tous les pilotes ont identitifé l'une des deux sections suivantes comme étant la plus difficile : section 2 ou section 3. Notre méthode d'évaluation a également identifié ces deux sections comme étant des périodes pendant lesquelles l'aptitude du pilote est réduite. Un résultat similaire est obtenu en mode collaboratif. Ce résultat confirme que notre approche d'estimation de l'aptitude est proche de la réalité de la charge de travail du pilote.

À la question de savoir laquelle des quatre exécutions a été la moins éprouvante, les pilotes *I*, *II* et *IV* ont désigné les exécutions en mode collaboratif. Ces trois pilotes ont eu beaucoup de collisions avec les dangers. Le pilote *III* a affirmé que les quatre exécutions présentaient des difficultés semblables et qu'il n'avait pas de préférence. Cette réponse du pilote *IV* est cohérente avec les résultats de tests de conduite sécuritaire. En effet, ce pilote n'a enregistré qu'une seule collision en mode manuel.

Le fait que trois pilotes sur quatre aient remarqué qu'il est plus facile de contrôler la plate-forme en mode collaboratif tout en ignorant au préalable la séquence des modes d'exécutions est très encourageant. En effet, ce résultat suggère que :

– le module semi-autonome interfère dans la conduite du pilote de manière subtile tout en améliorant le contrôle sécuritaire ;
– le module semi-autonome est en mesure de s'adapter au style de conduite du pilote ;
– l'intervention du module semi-autonome dans le processus de contrôle du pilote humain n'introduit pas de perturbations négatives.

Afin de prouver que c'est le module semi-autonome qui s'adapte au style de conduite du pilote et non l'inverse, nous avons affiché sur les figures 8.6, 8.7, 8.8 et 8.9 les histogrammes des signaux de contrôle de chaque pilote.

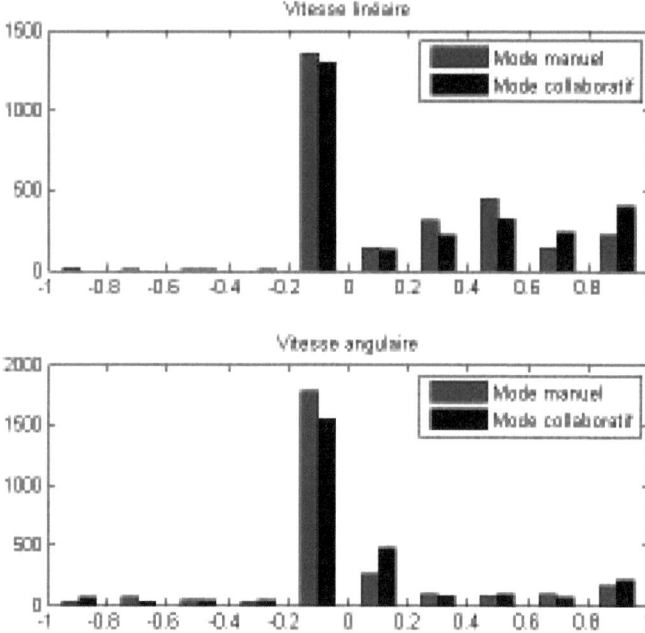

Figure 8.6 Histogrammes des signaux de contrôle du pilote I

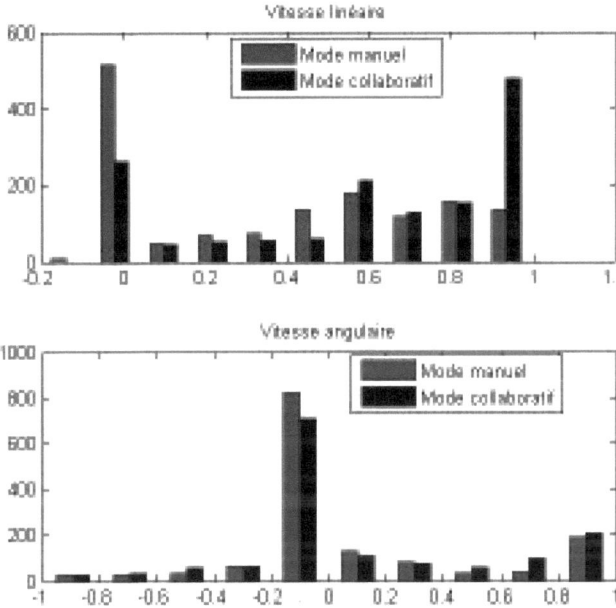

Figure 8.7 Histogrammes des signaux de contrôle du pilote II

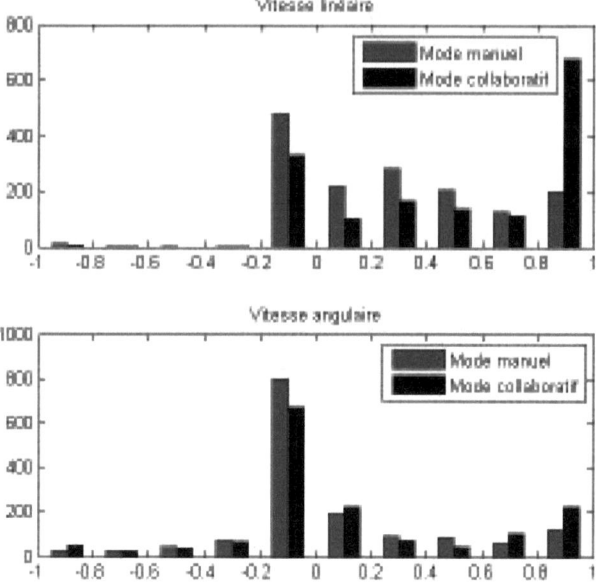

Figure 8.8 Histogrammes des signaux de contrôle du pilote III

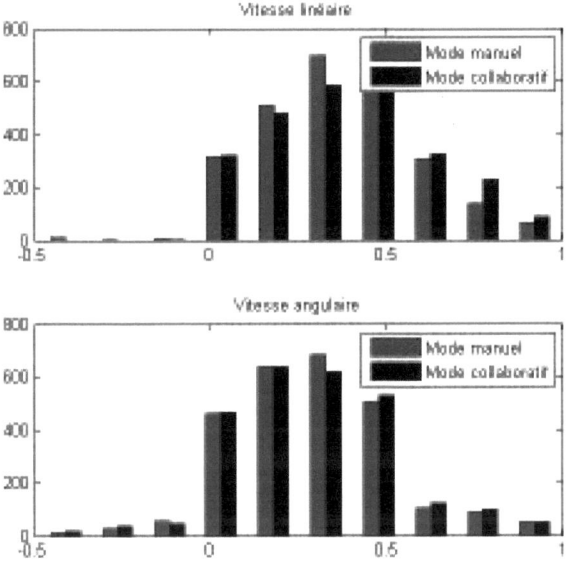

Figure 8.9 Histogrammes des signaux de contrôle du pilote IV

Les différences les plus marquées entre les vitesses en mode manuel et en mode collaboratif se trouvent autour de la valeur 0 et autour de la valeur 1. Les valeurs autour de 0 indique que la plate-forme est à l'arrêt. Donc, l'intervention du module semi-autonome est inexistante. Lorsque le pilote fait usage de la vitesse maximale (valeurs proches de 1), nous avons remarqué qu'il n'y avait pas de dangers sur la trajectoire de la plate-forme. Ici encore l'intervention du module semi-autonome est minimale. Les écarts importants entre les deux modes lorsque les vitesses sont proches de 1 sont attribuables au changement de style de conduite de la part du pilote et non à l'intervention proprement dite du module semi-autonome. Malgré ce changement de style de conduite, le module semi-autonome a été en mesure de contribution à la conduite sécuritaire.

8.5 Conclusion

L'approche de contrôle collaboratif et les concepts de module semi-autonome présentés dans cette thèse ont été testés par quatre pilotes différents. Les résultats de tests suggèrent que l'intervention du module semi-autonome dans le processus de contrôle de la plate-forme par le pilote n'engendre pas de perturbations notables de la dynamique de la plate-forme.

Dans la majorité des cas, le pilote n'est pas en mesure de dire exactement la période pendant laquelle, il perçoit que le module semi-autonome l'assiste dans l'exécution de ses manoeuvres. La compilation du nombre de collisions montre que le mode collaboration est plus sécuritaire que le mode manuel. Par ailleurs, un des points novateurs du système de contrôle collaboratif présenté dans cette thèse est l'émergence de nouveaux comportements dynamiques de la plate-forme sous l'action combinée du pilote et du module semi-autonome. Ainsi, en dépit du fait qu'aucun module spécialisé n'ait été conçu pour des manoeuvres comme le passage de porte et le suivi de mur, le pilote est en mesure d'effectuer ces manoeuvres avec l'assistance réactive du module semi-autonome.

CHAPITRE 9

CONCLUSION

L'intervention d'un pilote dans le processus de contrôle d'un module semi-autonome de navigation pose le problème de partage de contrôle. Ce problème est d'autant plus difficile à résoudre lorsque le module semi-autonome et le pilote ne partagent pas les mêmes ensembles d'observations et ne réagissent pas de la même manière devant un contexte de dangers.

9.1 Synthèse des travaux

En considérant que le module semi-autonome assiste le pilote dans ses manoeuvres de navigation, nous avons proposé une approche de contrôle collaboratif comportant :
- un module d'évitement de dangers réactif basé sur une version modifiée de la méthode de champs de potentiels artificiels ;
- un module de délibération basé sur l'estimation instantanée de l'aptitude du pilote à l'évitement de danger. Ce module génère le signal de contrôle appliqué à la plate-forme en fonction des signaux individuels de chaque agent et de l'aptitude courante du pilote.

La méthode classique d'évitement de dangers basée sur l'approche des champs de potentiel artificiel produit souvent des mouvements oscillatoires lorsque l'espace de navigation est contraint et peut engendrer des directions de déplacements éloignées de celles désirées par le pilote. Ce qui n'est pas souhaitable. C'est pourquoi nous avons proposé la méthode de champ de potentiel directionnel. Elle consiste à pondérer la force artificielle répulsive d'un danger en fonction de sa position géométrique par rapport à la direction du mouvement de la plate-forme avant de l'intégrer dans le calcul de la force répulsive artificielle résultante de tous les dangers immédiats. La direction la moins dangereuse du mouvement suit alors le gradient descendant de la somme des champs de potentiel répulsif résultant et attractive. Cependant, l'utilisation de la méthode de champs de potentiel directionnel augmente la fréquence du problème de minimum local. La présence d'un minium local conduit la plate-forme à s'immobiliser en dépit du désir de mouvement voulu par le pilote. C'est une impasse. Nous avons donc introduit le concept d'arc réflexe mécanique comme étant une association entre un contexte de navigation (ensemble de mesures de proximité de dangers) et un signal de contrôle du pilote. Un nouvel algorithme de construction en ligne d'une bibliothèque d'arcs réflexes mécaniques a été proposé, implémenté et validé. Le contexte de dangers présent lors d'une impasse est utilisé pour rechercher un contexte similaire dans la bibliothèque. Si un tel contexte est trouvé, alors les signaux de contrôle qui y sont associés sont utilisés pour dégager la plate-forme de l'impasse à condition qu'ils soient sécuritaires. Dans les autres cas, la plate-forme s'immobilise et un changement de direction approprié du pilote peut dégager la plate-forme de l'impasse. Les expérimentations effectuées en laboratoire ont démontré que l'approche de champ potentiel directionnel combinée avec l'utilisation de la bibliothèque des arcs réflexes mécaniques permet une réduction des temps morts dus aux impasses et produit un mouvement fluide dans un environnement contraint. Le but premier du module semi-autonome est d'assister le pilote dans ses manoeuvres de navigation. Cependant, cette assistance n'est effective qu'en tenant compte de l'aptitude du pilote. En définissant l'aptitude comme étant la capacité à l'évitement de dangers, nous avons montré que son évaluation est liée à celle de la charge de travail. Nous avons proposé le concept d'estimation de l'entropie comportementale du pilote. Cette méthode présente l'avantage d'une estimation sans dispositifs de mesures supplémentaires. À l'aide de cette estimation, un schéma de délibération résolvant le problème de contrôle collaboratif est proposé. L'analyse de l'approche de délibération montre qu'elle est efficace en terme de rapidité de calcul et qu'elle couvre les situations de dangers faisant l'objet de cette thèse. Par ailleurs, elle procure une fluidité du mouvement de la plate-forme.

L'approche de contrôle collaboratif et le concept de module semi-autonome présenté dans cette thèse ont été testés par quatre pilotes différents. Les résultats de tests suggèrent que l'intervention du module semi-autonome dans le processus de contrôle de la plate-forme par le pilote n'engendre pas de perturbations notables de la dynamique de la plate-forme. Dans la majorité des cas, le pilote n'est pas en mesure de dire exactement la période pendant laquelle il perçoit que le module semi-autonome l'assiste dans l'exécution de ses manoeuvres. La compilation du nombre de collisions montre que le mode collaboration est plus sécuritaire que le mode manuel. Par ailleurs, un des points novateurs du système de contrôle collaboratif présenté dans cette thèse est l'émergence de nouveaux comportements dynamiques de la plate-forme sous l'action combinée du pilote et du module semi-autonome. Ainsi, en dépit du fait qu'aucun module spécialisé n'ait été conçu pour des manoeuvres comme le passage de porte et le suivi de mur, le pilote est en mesure d'effectuer ces manoeuvres avec l'assistance réactive du module semi-autonome.

La principale contribution originale à la recherche est l'élaboration d'une approche de contrôle collaboratif d'une plate-forme mobile basée sur l'estimation de l'aptitude du pilote humain. Les contributions novatrices sont :

1. l'élaboration d'un algorithme d'agrégation en ligne des exemplaires qui ne requièrent la connaissance préalable du nombre de classes et du nombre d'exemplaires à traiter. Cette méthode s'utiliserait dans des applications d'agrégation requérant le minimum

possible de supervision de la part d'un opérateur. Dans le domaine du contrôle non linéaire, la méthode proposée peut être utilisée pour identifier les paramètres dynamiques d'un actionneur (pôles, retards, délais, etc.) ;

2. la mise en évidence théorique et pratique d'une mesure permettant de caractérisée l'aptitude d'un pilote dans un contexte de navigation en environnement contraint. Lorsque l'application d'un signal de contrôle peut engendrer une rencontre avec un danger, son indice de sécurité prend la valeur 0. Dans le cas contraire, elle prend la valeur 0. La mesure de l'aptitude est basée sur l'estimation en temps-réel de l'entropie de Shannon de la séquence des indices de sécurité. Cette mesure s'appelle entropie comportementale ;

3. la mise au point d'un schéma de délibération efficace et rapide qui permet au système formé par le pilote et le module semi-autonome de naviguer sécuritairement en environnement contraint. Cette méthode ne requiert aucun échange de messages directs entre le pilote et le module semi-autonome. Elle possède aussi l'avantage de permettre un mouvement fluide exploitant à la fois les capacités de perception du pilote humain et celles du module semi-autonome.

9.2 Limitations de la solution proposée

L'algorithme d'agrégation en ligne utilisé pour construire la bibliothèque des arcs réflexes dépend de la valeur du rayon d'influence requise pour le calcul du potentiel d'un arc réflexe mécanique. Si cette valeur est trop faible, la taille de la bibliothèque peut devenir très grande. Ce qui aura pour effet de rallonger le temps de recherche d'un arc de la bibliothèque pendant un épisode d'impasse. Par contre, une valeur trop grande produira des arcs réflexes mécaniques qui ne sont pas efficaces pour sortir la plate-forme d'une impasse. Les expériences menées avec différents pilotes nous indiquent qu'une valeur de rayon d'influence permettant une taille de la bibliothèque d'une trentaine d'arcs réflexes mécaniques donne des résultats satisfaisants.

Toute la méthodologie de contrôle collaboratif présentée dans cette thèse utilise le modèle d'une plate-forme mobile dont la dynamique permet un suivi parfait des signaux de vitesses proposés par le module délibératif. Cependant, dans des applications de véhicules motorisés dont les dynamiques des actionneurs ne sont pas complètement compensées (par exemple les fauteuils roulants motorisés), l'absence de module de contrôle dynamique peut dégrader les performances du système.

9.3 Améliorations futures

L'approche de contrôle collaboratif proposée dans cette thèse réduit les risques de rencontre de la plate-forme avec des dangers de type S_h et S_m, lorsqu'elle doit se déplacer entre ces deux types de dangers. Cependant, elle ne peut garantir l'absence de rencontre avec le danger de S_h pendant la phase d'évitement du danger de S_m. L'implication du pilote est donc importante afin de bien compléter l'action du module semi-autonome. Il serait intéressant d'investiguer si l'utilisation d'un communication directe entre le pilote et le module semi-autonome pourrait éliminer tout risque de rencontre avec le danger de S_h.

La solution de contrôle collaboratif proposée a été validée sur une plate-forme mobile expérimentale à quatre roues motrices dont les positions des centres de rotation et gravité sont très proches. L'ajout d'un module de contrôle dynamique permettrait de l'utiliser sur un fauteuil roulant motorisé.

L'architecture hiérarchique de contrôle utilisée permet de rajouter un module de localisation et de planification au module semi-autonome. Ces ajouts permettraient l'exécution de manoeuvres de déplacement point à point en mode collaboratif.

Références

A. HUNTEMANN, E. D. et AL. (2007). Bayesian plan recognition and shared control under uncertainty : Assisting wheelchair drivers by tracking fine motion paths. *International Conference on Intelligent Robots and Systems*. San Diego, CA, United States.

AAMODT, A. et PLAZA, E. (1994). Case-based reasoning : foundational issues, methodological variations, and system approaches. *AI Communications*, 7, 39 – 59.

ALBOUL, L., JOAN, S.-P. et PENDERS, J. (2008). Mixed human-robot team navigation in the gu ardians project. Sendai, Japan, 95 – 101.

ASTOLFI, A. (1999). Exponential stabilization of a wheeled mobile robot via discontinuous control. *Journal of Dynamic Systems, Measurement, and Control*.

BAO, D., YANG, Z. et SONG, Y. (2007). Projection function for driver fatigue monitoring with monocular camera. *Proceedings of the ACM Symposium on Applied Computing*, 82–83.

BETHEL, C., SALOMON, K., MURPHY, R. et BURKE, J. (2007). Survey of psychophysiology measurements applied to human-robot interaction. Piscataway, NJ, USA, 732 – 7.

BOO, K. et JUNG, M.-Y. (2000). Automatic lane keeping of a vehicle based on perception net. *Sensor Fusion and Decentralized Control in Robotic Systems III*. Society of Photo-Optical Instrumentation Engineers Bellingham WA USA, Boston, vol. 4196 de *Proceedings of SPIE - The International Society for Optical Engineering*, 299–307.

BORENSTEIN, J. et KOREN, Y. (1989). Real-time obstacle avoidance for fast mobile robots. *IEEE Transactions on Systems, Man, and Cybernetics*.

BORENSTEIN, J. et KOREN, Y. (1991). The vector field histogram-fast obstacle avoidance for mobilerobots. *IEEE Transactions on Robotics and Automation*.

BROOKHUIS, K., VAN DRIEL, C., HOF, T., VAN AREM, B. et HOEDEMAEKER, M. (2009). Driving with a congestion assistant ; mental workload and acceptance. *Applied Ergonomics*, 40, 1019 – 25.

C. URDIALES, A. PONCELA, I. S.-T. F. G. M. O. et SANDOVAL, F. (2007). Efficiency based reactive shared control for collaborative human/robot navigation. *International Conference on Intelligent Robots and Systems*. San Diego, CA, USA.

CAO, Y., THEUNE, M. et NIJHOLT, A. (2009). Towards cognitive-aware multimodal presentation : The modality effects in high-load hci. San Diego, CA, United states, vol. 5639 LNAI, 3 – 12.

CARLSON, T. et DEMIRIS, Y. (2008). Human-wheelchair collaboration through prediction of intention and adaptive assistance. Piscataway, NJ, USA, 3926 – 31.

CHIU, S. (1994a). A cluster extension method with extension to fuzzy model identification. New York, NY, USA, vol. vol.2, 1240 – 5.

CHIU, S. L. (1994b). Cluster estimation method with extension to fuzzy model identification. Orlando, FL, USA, vol. 2, 1240 – 1245.

COLBAUGH, R., GLASS, K. et WEDEWARD, K. (1996). Decentralized adaptive compliant motion control of electrically-driven manipulators. *International Journal of Intelligent Control and Systems*, 1, 469–85.

COLEMAN, G., SEELOS, M. et MCALLUM, S. (1999). Developmental flight testing of a digital terrain system for the usaf f-16. Piscataway, NJ, USA, vol. vol.3, 99 – 110.

DAMIAN, D., HERNANDEZ-ARIETA, A., LUNGARELLA, M. et PFEIFER, R. (2009). An automated metrics set for mutual adaptation between human and robotic device. Piscataway, NJ, USA, 139 – 46.

DEHURI, S., MOHAPATRA, C., GHOSH, A. et MALL, R. (2006). A comparative study of clustering algorithms. *Information Technology Journal*, 5, 551 – 559.

DEMEESTER, E., NUTTIN, M., VANHOOYDONCK, D. et VAN BRUSSEL, H. (2003). A model-based, probabilistic framework for plan recognition in shared wheelchair control : experiments and evaluation. *2003 IEEE/RSJ International Conference on Intelligent Robots and Systems*. IEEE Place of publication :Piscataway NJ USA Material Identity Number :XX2003-03376, Las Vegas, NV.

DEY, A. K. et MANN, D. D. (2009). Evaluation of mental workload associated with operating an agricultural sprayer in response to three different gps navigation aids. *Applied Engineering in Agriculture*, 25, 467 – 474.

DIXON, W. E. (2003). *Nonlinear control of engineering systems : a Lyapunov-based approach*. Birkhäuser, Boston.

DJ BARRACLOUGH, M. C. et LEE, D. (2004). Prefrontal cortex and decision making in a mixed-strategy game. *Nature Neuroscience*, 7, 404 – 410.

DOSHI, F. et ROY, N. (2008). Spoken language interaction with model uncertainty : an adaptive human-robot interaction system. *Connection Science*, 20, 299 – 318.

ELIAZAR, A. et PARR, R. (2003). Dp-slam : Fast, robust simultaneous localization and mapping without predetermined landmarks.

FERNANDEZ-CARMONA, M., FERNANDEZ-ESPEJO, B., PEULA, J., URDIALES, C. et SANDOVAL, F. (2009). Efficiency based collaborative control modulated by biometrics for wheelchair assisted navigation. Piscataway, NJ, USA, 737 – 42.

FIELDS, M.-A., HAAS, E., HILL, S., STACHOWIAK, C. et BARNES, L. (2009). Effective robot team control methodologies for battlefield applications. Piscataway, NJ, USA, 5862 – 7.

FOKA, A. et TRAHANIAS, P. (2007). Real-time hierarchical pomdps for autonomous robot navigation. *Robotics and Autonomous Systems*, 55, 561 – 71.

FREEMAN, W. (2007). Definitions of state variables and state space for brain-computer interface. part 1. multiple hierarchical levels of brain function. *Cognitive Neurodynamics*, 1, 3 – 14.

GALLUPPI, F., URDIALES, C., PONCELA, A., SANCHEZ-TATO, I., SANDOVAL, F. et BELARDINELLI, M. (2008). A study on human performance in a cooperative local navigation robotic system. Piscataway, NJ, USA, 48 – 53.

GOODRICH, M. A. et SCHULTZ, A. C. (2007). Human-robot interaction : a survey. *Found. Trends Hum.-Comput. Interact.*, 1, 203–275.

H. WAKAUMI, K. N. et MATSUMURA, T. (1992). Development of an automated wheelchair guided by a magnetic ferrite marker lane. *Journal of Electromyography and Kinesiology*, 29, 27–34.

HAMA, K., MURAI, K., HAYASHI, Y. et STONE, L. C. (2009). Evaluation of ship navigator's mental workload for ship handling based on physiological indices. San Antonio, TX, United states, 228 – 232.

HANSEN, E. et ZHOU, R. (2003). Synthesis of hierarchical finite-state controllers for pomdps. Menlo Park, CA, USA, 113 – 22.

HARMATI, I. (2006). Multi-agent coordination for target tracking using fuzzy inference system in game theoretic framework. *2006 IEEE Conference on Computer Aided Control System Design, 2006 IEEE International Conference on Control Applications, 2006 IEEE International Symposium on Intelligent Control*. IEEE, Munich, Germany, 6.

HART, S. G., . S. L. E. (1988). Development of a multi-dimensional workload rating scale : Results of empirical and theoretical research. Amsterdam, The Netherlands, 139–183.

HIRSHFIELD, L., CHAUNCEY, K., GULOTTA, R., GIROUARD, A., SOLOVEY, E., JACOB, R., SASSAROLI, A. et FANTINI, S. (2009). Combining electroencephalograph and functional near infrared spectroscopy to explore users' mental workload. Berlin, Germany, 239 – 47.

HOGAN, N. (1985). Impedance control : an approach to manipulation. i. theory. *Transactions of the ASME. Journal of Dynamic Systems, Measurement and Control*, 107, 1–7.

HUANG, W. H., FAJEN, B. R., FINK, J. R. et WARREN, W. H. (2006). Visual navigation and obstacle avoidance using a steering potential function. *Robotics and Autonomous Systems*, 54, 288 – 299.

JOHN F. NASH, J. (1950). The bargaining problem. *Econometrica*, 18, pp. 155–162.

KOBAYASHI, S. et NONAKA, K. (2009). Real-time optimized obstacle avoidance for robotic vehicles : indoor experiments. Piscataway, NJ, USA, 3193 – 8.

KULIC, D. et CROFT, E. (2007). Affective state estimation for human-robot interaction. *IEEE Transactions on Robotics*, 23, 991 – 1000.

LAN, H. et RUI, S. (2003). Safety and reliability analysis of automated vehicle driving systems. *Proceedings of the 2003 IEEE International Conference on Intelligent Transportation Systems*. IEEE, Shanghai, China, vol. 1, 21–6 vol.1.

LATOMBE, J.-C. (1993). Robot motion planning. Kluwer Academic Publishers, Norwell, Massachusetts, USA, vol. 1.

LEVINE, S., BELL, D., JAROS, L., SIMPSON, R., KOREN, Y. et BORENSTEIN, J. (1999). The navchair assistive wheelchair navigation system. *IEEE Transactions on Rehabilitation Engineering*, 7, 443 – 51.

LEVINE, S., BELL, D. et KOREN, Y. (1994). Navchair : an example of a shared-control system for assistive technologies. Berlin, Germany, 136 – 43.

LI, S., LI, M., ZHAO, D. et ZHU, W. (2008). A tele-operation system for collaborative works with vision-guided autonomous robot. Berlin, Germany, vol. pt.2, 111 – 20.

LIANG, K., LI, Z., CHEN, D. et CHEN, X. (2004). Improved artificial potential field for unknown narrow environments. 688 – 92.

LIU, L., KANG, J., YU, J. et WANG, Z. (2005). A comparative study on unsupervised feature selection methods for text clustering. Piscataway, NJ, USA, 597 – 601.

LONGTIN, A. et DEROME, J.-R. (1986). A new model of the acoustic reflex. *Biol. Cybern. (West Germany)*, 53, 323 – 42.

LOURENCO, A. et FRED, A. (2005). Ensemble methods in the clustering of string patterns. Piscataway, NJ, USA, vol. vol.1, 6 pp. –.

LUCE, D. et HOWARD, R. (1989). *Games and decisions- Introduction and critical survey*. Dover, New York.

LV, T., HUANG, S., ZHANG, X. et WANG, Z.-X. (2006). A robust hierarchical clustering algorithm and its application in 3d model retrieval. Hangzhou, Zhejiang, China, vol. 2, 560 – 567.

MASON, M. T. (1981). Compliance and force control for computer controlled manipulators. *IEEE Transactions on Systems, Man and Cybernetics*, SMC-11, 418–32.

MEDANIC, J. (1978). Closed-loop stackelberg strategies in linear-quadratic problems. *IEEE Transactions on Automatic Control*, AC-23, 632–7.

MEHLER, B., REIMER, B., COUGHLIN, J. F. et DUSEK, J. A. (2009). Impact of incremental increases in cognitive workload on physiological arousal and performance in young adult drivers. *Transportation Research Record*, 6 – 12.

MULDER, L., DIJKSTERHUIS, C., STUIVER, A. et DE WAARD, D. (2009). Cardiovascular state changes during performance of a simulated ambulance dispatchers' task : potential use for adaptive support. *Applied Ergonomics*, 40, 965 – 77.

NASH, J. (1951). Non-cooperative games. *The Annals of Mathematics*, 54.

NEUMANN, J. V. et MORGENSTERN, O. (1944). *Theory of Games and Economic Behavior*. Princeton University Press, New Jersey.

OKUNO, R., YOSHIDA, M. et AKAZAWA, K. (1996). Development of biomimetic prosthetic hand controlled by electromyogram. Tsu, Jpn, vol. 1, 103 – 108.

PAN, M., CHEN, J., LIU, R., FENG, Z., WANG, Y. et ZHANG, P. (2007). Dynamic spectrum access and joint radio resource management combining for resource allocation in cooperative networks. *2007 IEEE Wireless Communications and Networking Conference, WCNC 2007*. Institute of Electrical and Electronics Engineers Inc. New York NY 10016-5997 United States, Kowloon, China, IEEE Wireless Communications and Networking Conference, WCNC, 2748–2753.

PAPAVASSILOPOULOS, G. P. (1981). Solution of some stochastic quadratic nash and leader-follower games. *SIAM Journal on Control and Optimization*, 19, 651–66.

PAPAVASSILOPOULOS, G. P. (1982). On the linear-quadratic-gaussian nash game with one-step delay observation sharing pattern. *IEEE Transactions on Automatic Control*, AC-27, 1065–71.

PARIKH, S., GRASSI, V., J., KUMAR, V. et OKAMOTO, J., J. (2004). Incorporating user inputs in motion planning for a smart wheelchair. Piscataway, NJ, USA, vol. Vol.2, 2043 – 8.

Q. ZENG, B. REBSAMEN, E. B. L. C. (2008). A collaborative wheelchair system. *IEEE Transactions on Neural Systems and Rehabilitation Engineering*.

QINJUN, D. et XUEYI, Z. (2006). Fuzzy pid control with a factor for medical robot of radio frequency ablation. *2006 6th International Conference on Intelligent Systems Design and Applications*. IEEE Computer Society, Jinan, China, 6.

RABBI, A., IVANCA, K., PUTNAM, A., MUSA, A., THADEN, C. et FAZEL-REZAI, R. (2009). Human performance evaluation based on eeg signal analysis : a prospective review. Piscataway, NJ, USA, 1879 – 82.

REIMER, B., MEHLER, B., COUGHLIN, J. F., GODFREY, K. M. et CHUANZHONG, T. (2009). An on-road assessment of the impact of cognitive workload on physiological arousal in young adult drivers. Essen, Germany, 115 – 118.

RILEY, J., STRATER, L., SETHUMADHAVAN, A., DAVIS, F., THARANATHAN, A. et KOKINI, C. (2008). Performance and situation awareness effects in collaborative robot control with automation. Santa Monica, CA, USA, 242 – 6.

ROSENBERG, L. B. (1993). Virtual fixtures : Perceptual tools for telerobotic manipulation. *Proc. of the IEEE Annual Int. Symposium on Virtual Reality.* 76–82.

S. BELKHOUS, A. AZZOUZI, M. S. C. N. et NERGUIZIAN, V. (2005). A novel approach for mobile robot navigation with dynamic obstacles avoidance. *Journal of Intelligent and Robotic Systems.*

S. KATSURA, K. O. (2004). Human collaborative wheelchair for haptic interaction based on dual compliance control. *IEEE Transactions on Industrial Electronics.*

SCHIELE, A. (2009). Ergonomics of exoskeletons : subjective performance metrics. Piscataway, NJ, USA, 480 – 5.

SCIARINI, L. et NICHOLSON, D. (2009). Assessing cognitive state with multiple physiological measures : a modular approach. Berlin, Germany, 533 – 42.

SEMSAR, E. et KHORASANI, K. (2007). Optimal control and game theoretic approaches to cooperative control of a team of multi-vehicle unmanned systems. *2007 IEEE/ACS International Conference on Computer Systems and Applications.* IEEE, Amman, Jordan, 6.

SHANNON, C. E. (1948). A mathematical theory of communication. vol. 27, 379–423.

SHAPLEY, L. S. (1953). A value for n-person games. in contributions to the theory of games. *Annals of Mathematical Studies,* 28, pp. 307–317.

SHI, Z., BEARD, C. et MITCHELL, K. (2007). Misbehavior and mac friendliness in csma networks. *2007 IEEE Wireless Communications and Networking Conference, WCNC 2007.* Institute of Electrical and Electronics Engineers Inc. New York NY 10016-5997 United States, Kowloon, China, IEEE Wireless Communications and Networking Conference, WCNC, 355–360.

SIMPSON, R. et LEVINE, S. (1996). Adaptive shared control for an intelligent power wheelchair. Cambridge, MA, USA, vol. vol.2, 1370 vol.2 –.

SIMPSON, R. et LEVINE, S. (1997). Adaptive shared control of a smart wheelchair. Arlington, VA, USA, 561 – 3.

SIMPSON, R. et LEVINE, S. (1999). Automatic adaptation in the navchair assistive wheelchair navigation system. *IEEE Transactions on Rehabilitation Engineering*, 7, 452 – 63.

SIMPSON, R., POIROT, D. et BAXTER, F. (2002). The hephaestus smart wheelchair system. *IEEE Transactions on Neural Systems and Rehabilitation Engineering*, 10, 118 – 22.

SPONG, M. W., HUTCHINSON, S. et VIDYASAGAR, M. (2006). *Robot Modeling and Control*. John Wiley & Son.

STEINFELD, A., FONG, T., KABER, D., LEWIS, M., SCHOLTZ, J., SCHULTZ, A. et GOODRICH, M. (2006). Common metrics for human-robot interaction. New York, NY, USA, 33 – 40.

STUART JR, H. W. (2007). Creating monopoly power. *International Journal of Industrial Organization*, v 25, 1011–1025.

T. TAHA, J. M. et DISSANAYAKE, G. (2007). Wheelchair driver assistance and intention prediction using pomdps. *International Conference on Intelligent Sensors, Sensor Networks and Information Processing*. Melbourne, VIC, Australia.

TAHA, T., MIRO, J. et DISSANAYAKE, G. (2008). Pomdp-based long-term user intention prediction for wheelchair navigation. Piscataway, NJ, USA, 3920 – 5.

TAKKEN, T., RIBBINK, A., HENEWEER, H., MOOLENAAR, H. et WITTINK, H. (2009). Workload demand in police officers during mountain bike patrols. *Ergonomics*, 52, 245 – 250.

TAO, Y., WANG, T., WEI, H. et CHEN, D. (2009). A behavior control method based on hierarchical pomdp for intelligent wheelchair. Piscataway, NJ, USA, 893 – 8.

TAYLOR, R. H. (2006). A perspective on medical robotics. *Proceedings of the IEEE*, 94, 1652–64.

TREMOULET, P. D., CRAVEN, P. L., REGLI, S. H., WILCOX, S., BARTON, J., STIBLER, K., GIFFORD, A. et CLARK, M. (2009). Workload-based assessment of a user interface design. San Diego, CA, United states, vol. 5620 LNCS, 333 – 342.

TRICOT, N., RAJAONAH, B., PACAUX, M. P. et POPIEUL, J. C. (2004). Driver's behaviors and human-machine interactions characterization for the design of an advanced driving assistance system. *2004 IEEE International Conference on Systems, Man and Cybernetics*. IEEE, The Hague, Netherlands, vol. 4, 3976–81 vol.4.

UCHIDA, K. et SHIMEMURA, E. (1981). On decentralized multicriteria linear-quadratic stochastic control problems. *Large Scale Systems Theory and Applications. Proceedings of the IFAC Symposium.* Pergamon, Toulouse, France, 239–46.

URDIALES, C., PEULA, J., FERNANDEZ-CARMONA, M., ANNICCHIARICCO, R., SANDOVAL, F. et CALTAGIRONE, C. (2009). Adaptive collaborative assistance for wheelchair driving via cbr learning. Piscataway, NJ, USA, 731 – 6.

URDIALES, C., PONCELA, A., SANCHEZ-TATO, I., GALLUPPI, F., OLIVETTI, M. et SANDOVAL, F. (2007). Efficiency based reactive shared control for collaborative human/robot navigation. Piscataway, NJ, USA, 3586 – 91.

VAN KUIJK, A., ANKER, L., PASMAN, J., HENDRIKS, J., VAN ELSWIJK, G. et GEURTS, A. (2009). Stimulus-response characteristics of motor evoked potentials and silent periods in proximal and distal upper-extremity muscles. *Journal of Electromyography and Kinesiology*, 19, 574 – 83.

WALTON ME, D. J. et MF., R. (2004). Interactions between decision making and performance monitoring within prefrontal cortex. *Nature Neuroscience*, 7, 1173–1177.

WANG, W., YUAN, H. et JIN, Y. (2006). A laser imaging system for helicopter avoidance obstacle. USA, vol. 6395, 63950 – 1.

WIENER, N. (1989). The human use of human beings : Cybernetics and society.

Y. KANAYAMA, K. YOSHIHIKO, F. M. et NOGUCHI, T. (1990). A stable tracking control method for an autonomous mobile robot. *IEEE International Conference Robotics and Automation.*

YOUNG, S.-Y. et JEROME, K. (2009). Intelligent hazard avoidance system. Piscataway, NJ, USA, 5.A.4 (16 pp.) –.

YUE KUEN, K. et KONG, J. J. (2007). Real options in strategic investment games between two asymmetric firms. *European Journal of Operational Research*, 181, 967–85.

ZIEBA, S., POLET, P., VANDERHAEGEN, F. et DEBERNARD, S. (2009). Resilience of a human-robot system using adjustable autonomy and human-robot collaborative control. *International Journal of Adaptive and Innovative Systems*, 1, 13 – 29.

ZOTOV, M., FORSYTHE, J., PETRUKOVICH, V. et AKHMEDOVA, I. (2009). Physiological-based assessment of the resilience of training to stressful conditions. Berlin, Germany, 563 – 71.

1- Revue de la littérature sur la théorie générale des jeux

Fondements de la théorie des jeux du contrôle partagé

Le problème de contrôle partagé rentre dans la catégorie plus générale des problèmes de décisions stratégiques impliquant plusieurs agents. Un agent est un humain ou un module semi-autonome de contrôle capable de prendre des décisions. Le premier formalisme mathématique rigoureux permettant de résoudre les problèmes de décision stratégique impliquant plus d'un agent remonte à 1928. Par la suite, Von Neumann a publié l'ouvrage fondamental sur la théorie de jeu (Neumann et Morgenstern, 1944). Dans son formalisme, un jeu est une description mathématique d'une situation stratégique impliquant plusieurs agents. La théorie suppose que chaque agent est rationnel dans le sens qu'il choisirait toujours une décision qui lui rapporterait le gain le plus grand. Deux représentations de jeu ont été alors proposées : la forme stratégique et la forme extensive. Dans sa forme extensive, un jeu est représenté par une arborescence alors que dans sa forme stratégique, il est représenté par une matrice dont chaque élément est constitué par les gains individuels de chaque agent. Dans le cas particulier de deux agents, cette matrice est appelée une bimatrice. Von Neumann a également proposé deux grandes classes de jeux : jeu non collaboratif et jeu collaboratif.

La théorie du jeu non collaboratif s'intéresse aux situations dans lesquelles les agents ne sont pas autorisés à former de coalitions en vue d'augmenter leurs gains respectifs. Un exemple classique de ce type de jeu est le dilemme des prisonniers (Luce et Howard, 1989). Le dilemme des prisonniers est formulé comme suit : deux suspects A et B (complices d'un délit) ont été arrêtés et soumis à un interrogatoire individuel. Aucune communication n'est permise entre les deux suspects pendant le processus d'interrogation. Chaque suspect dispose de deux stratégies : dénoncer l'autre ou se taire. Si un des deux suspects dénonce son voisin pendant que ce dernier reste silencieux, alors celui qui a dénoncé l'autre est libre tandis que celui qui est dénoncé écope de dix ans de prison. Si les deux suspects se dénoncent mutuellement, chacun écope de cinq ans de prison. Par ailleurs, si aucun des deux suspects ne dénonce son voisin, alors ils écopent individuellement de six mois de prison. Quelle doit être la stratégie de chaque suspect ? Il est clair que dans un contexte de non collaboration, le caractère rationnel de chaque agent le pousserait à dénoncer son complice. Ce faisant, les deux écoperaient de cinq ans de prison. Par contre, si la collaboration était permise, alors, ils choisiraient tous deux de se taire, écopant ainsi de six mois de prison. En situation de non collaboration, "se dénoncer mutuellement" serait considéré comme une forme de solution tandis que dans le cas de collaboration, "se taire tous" serait une autre solution. Ceci nous amène à aborder la notion de point d'équilibre stratégique.

Un résultat fondamental qui a été proposé par Nash en 1951 (Nash, 1951) concerne la notion de solution globale ou de point d'équilibre stratégique dans les jeux non collaboratifs . En utilisant le théorème de point fixe de Brouwer, Nash a prouvé qu'il existe un point d'équilibre pour un jeu bien défini. Ce point d'équilibre, appelé "équilibre de Nash" est défini de telle sorte qu'aucune déviation unilatérale de stratégies d'un agent par rapport à ce point, ne lui procure plus de gain. Cependant, certaines conditions sont requises s'il est souhaitable que les agents adoptent le point d'équilibre de Nash :

– chaque agent doit être un agent rationnel ;
– il préférera toujours une décision qui maximisera son gain ;
– les fonctions de gains sont connues d'avance par chaque agent et sont définies de façon à ce que les gains obtenus reflètent les règles du jeu.

La théorie de Nash permet d'obtenir une solution en présence de stratégies pures ou mixtes (Luce et Howard, 1989). Une stratégie d'un agent est dite pure s'il est certain que cette stratégie sera choisie. Si une fonction de densité de probabilité est associée à une stratégie alors elle est considérée comme une stratégie mixte.

Il existe des systèmes différentiels linéaires décrivant la dynamique d'une plate-forme robotique. Si ces systèmes sont affectés par des bruits gaussiens, alors ils sont désignés par "systèmes linéaires gaussiens". Lorsqu'un contrôle optimal est requis pour les asservir, une fonction de coût cumulative dont les termes sont quadratiques est définie. L'utilisation des fonctions de coûts quadratiques et des systèmes linéaires donne lieu à une classe de systèmes nommée systèmes linéaires quadratiques et gaussiens. Pour cette classe de système, lorsque le contrôle implique plusieurs agents, il a été démontré qu'il existe une solution unique (Papavassilopoulos, 1981). Ce résultat est basé sur le théorème d'équilibre de Nash et la programmation dynamique. Par ailleurs, Uchida (Uchida et Shimemura, 1981) a aussi démontré l'existence d'une solution unique pour les systèmes linéaires quadratiques et gaussiens lorsque plus de deux agents sont impliqués. Dans les deux cas, la solution est toujours le point d'équilibre de Nash.

Dans le domaine du contrôle robotique, en plus de l'unicité d'une solution, il est souhaitable que cette solution soit stable. Lorsque le point d'équilibre de Nash est solution d'un jeu avec des stratégies mixtes (c'est le cas notamment pour la classe de problèmes linéaires quadratiques et gaussiens), la stabilité de la solution doit être vérifiée (Papavassilopoulos, 1982). Un point d'équilibre de Nash est stable si pour une petite variation dans les fonctions de probabilité de distribution des stratégies d'un agent, les deux conditions suivantes sont réunies (Papavassilopoulos, 1982) :

– l'agent dont les fonctions de densité de probabilité ont été modifiées se retrouve avec une stratégie moins payante ;

– les autres agents dont les fonctions de densité de probabilité sont restées les mêmes n'ont pas de meilleures stratégies.

Cette notion de stabilité est comparable à la théorie de stabilité de Lyapunov (Dixon, 2003).

Le modèle de solution proposé par Nash ne fait aucune distinction entre les agents en ce qui concerne des critères autres que ceux établis par les fonctions de gain et les règles du jeu, ce qui permet à cette approche d'être considérée comme équitable.

La théorie du jeu collaboratif s'intéresse aux situations dans lesquelles les agents ont le droit de communiquer entre eux afin de fixer une stratégie conjointe. Ce faisant, toutes les combinaisons possibles de stratégies sont permises. Von Neumann (Neumann et Morgenstern, 1944) a proposé le concept de fonction caractéristique qui, à chaque combinaison de stratégies, associe une valeur de gain. Les fonctions caractéristiques sont souvent considérées super additives, c'est-à-dire que le gain obtenu par un agent individuellement est toujours inférieur aux gains qu'il aurait pu obtenir en intégrant une coalition d'agents. Par ailleurs, il a aussi proposé la propriété de monotonicité pour caractériser les fonctions caractéristiques. Ainsi, une fonction caractéristique est monotone si les gains obtenus en intégrant une petite coalition sont toujours inférieurs ou égaux aux gains obtenus en intégrant une grande coalition. Le problème qui découle de la proposition de Von Neumann en ce qui concerne la fonction caractéristique d'un jeu collaboratif est la manière d'attribuer le gain collectif, lorsque la collaboration est effective et que la stratégie conjointe est trouvée. De plus, la répartition du gain collectif devient complexe lorsque les gains des différents agents ne sont pas mesurés avec les mêmes unités. Afin de trouver des approches de solutions, la théorie de jeux collaboratifs a été subdivisée en deux classes de problèmes : jeux collaboratifs avec transfert de gains entre les agents et jeux collaboratifs sans transfert de gains.

Lorsqu'on considère la classe des problèmes de jeux collaboratifs sans transfert de gain, la méthode de négociation de Nash appelée "Nash bargaining" est la plus utilisée (John F. Nash, 1950). Cette approche suppose qu'il existe un point particulier appelé le point de statu quo dans l'espace à N dimensions formé par les gains des N agents. Les gains de chaque agent se trouvent sur une dimension de cet espace. Si aucune entente n'est réalisable, alors chaque agent reçoit en retour un gain qui correspond au point de statu quo. Le point d'équilibre (s'il y a entente) doit vérifier cinq propriétés que Nash a définies (Luce et Howard, 1989). Parmi ces propriétés figure notamment l'optimalité au sens de Pareto. Lorsqu'on considère un ensemble de points, on dit qu'un point est Pareto optimal s'il n'existe aucun autre point dont les coordonnées sont supérieures à ses coordonnés.

Lorsque le transfert de gains est autorisé, il est important d'avoir une méthode de répartition de gains acceptable pour les agents ayant collaboraré. Plusieurs méthodes d'arbitrages ont été proposées. Cependant, la méthode de la valeur de Shapley est la plus utilisée (Shapley, 1953) car elle possède un caractère d'équité tenant compte de la réelle contribution de chaque agent.

La présence d'une hiérarchie entre des agents pourrait être exploitée pour mieux définir les stratégies en cause. Un agent joue le rôle de meneur tandis que les autres agents sont des suiveurs du meneur. Cette forme de jeu a été proposée pour la première fois par Stackelberg (Medanic, 1978). Dans le jeu de Stackelberg impliquant deux agents, le meneur choisit en premier sa stratégie (un signal de contrôle) en optimisant sa propre fonction de coût. Cette stratégie est portée à la connaissance du suiveur qui, de son côté, tentera d'optimiser sa fonction de coût en prenant en compte la stratégie du meneur. Il a été prouvé que pour un jeu dans lequel les décisions stratégiques sont prises suivant une séquence précise, le coût moyen résultant de l'application de la théorie de Stackelberg est inférieur au coût moyen obtenu lorsque la théorie de Nash est appliquée. Cependant, trouver une solution optimale d'un jeu de Stackelberg n'est pas trivial à cause de la dépendance étroite des stratégies des agents. En effet, la stratégie optimale du meneur doit prendre en compte la réaction du suiveur (la stratégie du suiveur en réponse à la stratégie du meneur). Le suiveur de son côté détermine sa stratégie optimale en considérant la stratégie du meneur comme un paramètre. Medanic (Medanic, 1978) a proposé les conditions nécessaires et suffisantes pour obtenir une solution optimale au jeu de Stackelberg dans lequel les fonctions de coûts sont quadratiques et linéaires. Harmati (Harmati, 2006) a utilisé le concept de jeu de Stackelberg dans un contexte de coordination multirobots pour des applications de poursuite de cible. Les résultats présentés indiquent que les stratégies obtenues par cette méthode donnent des valeurs de coûts inférieures à celles obtenues par la méthode de Nash.

La théorie ci-dessus présentée suppose que les agents sont tous rationnels et ont accès à toute l'information dont ils ont besoin afin de décider. Cependant, dans certaines applications, il est souhaitable de réduire le degré d'autonomie de prise de décision d'un agent au profil d'un autre agent qui généralement est un humain. C'est le cas notamment en télérobotique ou en robotique médicale. En particulier en robotique médicale, même si la plate-forme robotique est dotée de capacité de prise de décision, elle doit demeurer entièrement sous le contrôle total du médecin. L'agent semi-autonome de la plate-forme robotique, dans ce contexte, joue le rôle de guidage. Ce rôle consiste essentiellement à suivre le contrôle de l'agent humain tout en le limitant.

Théorie de contrôle collaboratif basé sur la notion de guidage virtuel

La théorie de décision basée sur le formalisme de jeu, telle que présentée par Von Neumann et John Nash, fait l'hypothèse que la structure d'information est adéquate afin de permettre à chaque agent de jouer son rôle de façon rationnelle. Une structure d'information est adéquate lorsqu'aucune autre donnée supplémentaire n'est requise pour prendre une décision rationnelle. La théorie de base sur le formalisme des jeux est difficile à appliquer dans les applications robotiques dans lesquelles la structure de l'information est complexe et très dynamique. Par exemple, lors d'une opération chirurgicale, des évènements imprévus peuvent survenir. Ces évènements sont donc difficiles à modéliser. En l'absence de toute information relative à ces évènements, les décisions des agents peuvent ne pas respecter le critère de rationalité. Afin de contourner la difficulté posée par la présence d'évènements imprévus pouvant influencer les décisions des agents, un modèle de contrôle partagé intégrant l'humain a été proposé par Rosenberg sous le terme de "guidage virtuel". Dans ce modèle, l'homme est considéré comme un agent ayant la capacité de gérer le contrôle d'une plate-forme en présence d'information complexe et variant dans le temps. Le module semi-autonome de la plate-forme joue essentiellement un rôle de guidage. Dans son rôle, il empêche l'humain d'induire des mouvements dans des zones préalablement interdites.

Le concept de guidage virtuel a été introduit en 1993 par Rosenberg (Rosenberg, 1993). C'est un système de contrôle installé sur une plate-forme robotique et qui est destiné à aider un agent humain à exécuter avec plus de facilité des manoeuvres qui autrement seraient difficiles à exécuter. Par exemple, tracer une droite sur une feuille de papier et à main levée est plus difficile à réaliser que de tracer une droite en s'appuyant sur un support rectiligne (une règle). Dans ce cas, le support rectiligne joue essentiellement un rôle de guidage.

L'approche la plus utilisée pour concevoir un guidage virtuel repose sur la théorie du contrôle en force. Cette théorie modélise l'action de la plate-forme par la force qu'elle exerce sur l'environnement. Prenons le cas d'un chirurgien utilisant un instrument d'incision robotique. Il est naturel de modéliser le contrôle de cette plate-forme en utilisant les forces (forces exercées par le chirurgien, forces réactives du tissu du patient). Le contrôle du module semi-autonome de la plate-forme utilise donc ces paramètres afin d'éviter que le chirurgien ne pose des gestes dommageables aux tissus du patient. Il a été prouvé que dans de pareilles circonstances, les contrôleurs intégrant l'approche du contrôle en force donnent des résultats meilleurs que ceux obtenus par les méthodes classiques de contrôle (asservissement en position ou en vitesse, commande robuste, commande incertaine, etc.) (Spong *et al.*, 2006). Le contrôle en force est une méthode permettant de modifier la trajectoire d'une plate-forme robotique en fonction des mesures de forces prises dans l'environnement. Par exemple, l'incision dans un tissu humain nécessite l'application d'une force de la part du chirurgien. Si la force appliquée n'est pas adéquate, le tissu peut être endommagé. Une plate-forme chirurgicale dotée d'un module semi-autonome peut, dans ce cas particulier, contrôler l'intensité de la force appliquée et empêcher l'instrument d'incision d'opérer dans une zone interdite sur le patient. La plate-forme impose alors une contrainte dite virtuelle.

Il faudrait remonter en 1981 pour voir les résultats des premiers travaux sur le contrôle en force. En effet, Mason (Mason, 1981) a proposé un formalisme de design de contrôleur dans lequel le problème d'asservissement en position est séparé du problème de contrôle en force. D'après lui, le contrôle en force consiste à intégrer dans la boucle de contrôle d'une plate-forme robotique une contrainte supplémentaire basée sur la géométrie de l'environnement sur lequel cette plate-forme agit.

Hogan (Hogan, 1985) de son côté a introduit la notion d'impédance pour caractériser l'interaction entre une plate-forme robotique manipulatrice et l'environnement. Il a démontré la raison pour laquelle le contrôle en position classique n'est pas adéquat et a proposé sa théorie basée sur les notions de circuits électriques : impédance et admittance. La théorie proposée a été reprise par Colbaugh et Shiuh (Colbaugh *et al.*, 1996) . Par analogie avec la théorie des circuits électriques, les forces appliquées par la plate-forme robotique constituent les sources de tension tandis que les vitesses découlant de l'application de ces forces sont les courants électriques. Le ratio entre les forces et les vitesses est alors comparable au ratio entre une source de tension et un courant. L'impédance est le terme utilisé pour caractériser ce ratio.

La théorie des jeux et la méthode de conception des guidages virtuelles sont les deux concepts fondamentaux qui concernent le contrôle partagé en robotique. Dans la section suivante, les différents domaines d'application du contrôle partagé existant dans la littérature sont présentés.

Différents domaines d'applications

Aucun consensus scientifique n'existe dans la littérature pour classer les différentes formes de contrôles partagés. S'il est admis que tout système contrôlé par plus d'un agent pourrait être représenté par un jeu, alors nous pouvons utiliser la classification de Von Neumann. Ainsi, les deux catégories de contrôles partagés sont : le contrôle partagé avec collaboration entre les agents et le contrôle partagé sans collaboration entre les agents.

Domaine de la télécommunication

Dans le domaine des sciences informatiques et de la télécommunication, le contrôle partagé fait référence au contrôle d'accès à une ressource partagée. En particulier, en communication sans fil, l'accès au canal de transmission des ondes doit se faire de façon partagée. Le modèle de contrôle d'accès au médium qui a toujours prévalu est celui basé sur la non-collaboration entre les terminaux de transmission de données. Un terminal qui est sur le point de transmettre des données, signale son intention en envoyant un message particulier aux autres terminaux. En suivant un protocole d'accès au médium de transmission, il prend le contrôle du médium et transmet son message pendant une fenêtre temporelle bien précise et fixe. Pendant ce temps, les autres terminaux n'ont pas le droit d'intervenir sur l'évolution du processus de transmission (Shi *et al.*, 2007). Cette manière de gérer le contrôle d'accès au médium donne des performances médiocres selon Shi . En effet, si un message peut être transmis avec une fenêtre de taille réduite, en lui attribuant un temps plus grand, le temps du médium non utilisé est gaspillé. Plusieurs chercheurs ont alors proposé des systèmes de contrôles intégrant la notion de collaboration entre les terminaux. Récemment, Pan (Pan *et al.*, 2007) a proposé un protocole utilisant la théorie des jeux collaboratifs pour gérer l'accès au médium de transmission. L'approche proposée reformule le problème de contrôle du médium de transmission selon la théorie de Von Neumann sur le jeu collaboratif avec transfert gain. Une fonction caractéristique dépendant de la politique d'attribution des coûts fixée par l'opérateur du médium de communication est définie. En utilisant la théorie de Shapley, un coût équitable est déterminé pour chaque terminal. Le temps d'accès est alors fonction de ce coût réparti.

Domaine économique

En économie, le contrôle partagé est très utilisé. Von Neumann et John Nash avaient au départ, développé leurs théories sur les jeux pour des applications économiques. Les enjeux économiques se prêtent naturellement à ces théories. Suivant le contexte du marché (monopole, duopole, etc.) d'un bien particulier, les théories des jeux collaboratifs et non collaboratifs sont utilisées afin de contrôler le prix de ce bien.

Lorsqu'une entreprise est en situation de monopole pour la production d'un bien, il est couramment admis que l'entreprise dispose d'une latitude importante pour fixer le prix du bien. Cependant, si le prix fixé est trop élevé, la demande risque de diminuer. Comment fixer la quantité et le prix de biens produits afin de maximiser les profits ?

Stuart (Stuart Jr, 2007) s'est intéressé à cette question en posant le problème autrement. Il a supposé que la production de bien (l'entreprise) et l'acheteur du bien (le client) sont en situation de négociation. Au départ, l'entreprise possède un avantage dans la négociation à cause de sa situation de monopole. Cependant, si le prix est trop important, la demande du bien sera réduite. Stuart a alors démontré qu'en utilisant la théorie de jeu collaboratif avec transfert de gain et la théorie de jeu non collaboratif, le prix fixé garantissait un profit maximal.

Un autre sujet non moins important en économie concerne les situations où deux compétiteurs soumissionnent pour un projet dont les retombées comportent de l'incertitude. Yue (Yue Kuen et Kong, 2007) a proposé une méthodologie basée l'analyse des points d'équilibre du jeu formé par les gains potentiels des deux compétiteurs afin déterminer les conditions et les stratégies de chaque compétiteur.

Domaine médical et de la télérobotique

Les plates-formes robotiques sont utilisées dans le domaine médical notamment dans les opérations chirurgicales. Ces plates-formes possèdent les avantages tels que la précision dans l'exécution des mouvements, la réduction des oscillations des outils intégrés et la miniaturisation (ce qui leur permet de fonction dans un environnement restreint). Cependant, ces plates-formes s'adaptent difficilement aux imprévues et sont limitées dans leurs capacités de jugement. Par ailleurs, l'excellent jugement, la bonne dextérité et la capacité d'intégrer plusieurs sources d'information font des qualités du chirurgien, un complément idéal aux plates-formes médicales (Taylor, 2006).

Le défi réside dans la mise en commun de ces deux entités. Deux tendances de contrôles robotiques ont été identifiées :

– l'approche industrielle : les méthodes de contrôle robotique développées dans l'industrie (contrôle PID, contrôle optimal, contrôle robuste, etc.) sont adaptées aux exigences médicales. Par exemple, un contrôle PID dont les paramètres sont adaptés en utilisant la logique floue a été proposé comme méthode robuste permettant de contrôler un bras chirurgical spécialisé dans l'ablation de tumeurs cancéreuses du foie (Qinjun et Xueyi, 2006). L'approche de non collaboration a été adoptée pour concevoir ce contrôleur. Le chirurgien planifie complètement toutes les séquences que la plate-forme robotique doit exécuter et l'assiste dans l'exécution des plans.

– l'approche d'intégration humain-machine : cette tendance vise une collaboration beaucoup plus étroite entre le chirurgien et la plate-forme robotique. Plusieurs méthodes ont tenté d'exploiter cette notion de collaboration. La forme la plus répandue utilise une approche basée sur le guidage virtuel. Des contraintes de position et de vitesse sont intégrées dans l'élaboration de la loi de commande de la plate-forme afin d'éviter que le chirurgien n'opère sur des zones interdites ou n'exécute des mouvements préjudiciables pour le patient. Le guidage virtuel réduit aussi l'amplitude des oscillations ou des tremblements des mains du chirurgien augmentant ainsi la sécurité de l'opération chirurgicale. Le robot chirurgical Acrobot est un exemple réussi de l'implantation de cette approche de contrôle (Taylor, 2006).

La plupart des plates-formes robotiques chirurgicales peuvent être télé opérées. Le guidage virtuel joue alors le rôle de garde-fou pour ces applications. Il n'est pas en mesure de prendre l'initiative des décisions comme dans le cas d'un vrai système collaboratif. C'est la raison pour laquelle, des équipes de chercheurs veulent étendre cette notion de guidage virtuel à un concept de collaboration active. L'aspect "passif" fait référence au fait que le guidage virtuel tel que proposé suit les mouvements du chirurgien tout en l'aidant à réduire ses erreurs de navigation sur le corps humain. Dans un contexte d'assistance active, la plate-forme et le chirurgien décideraient conjointement du contrôle à appliquer. Au moment où la présente bibliographie est écrite, aucune définition formelle du concept de collaboration active n'a été proposée. Par ailleurs, la théorie de jeux est absente des approches utilisées pour concevoir les guidages virtuels. Cette absence peut s'expliquer par la dissymétrie des rôles entre le chirurgien et la plate-forme robotique. L'impératif pour le chirurgien d'avoir un contrôle total sur l'exécution du geste médical confine la plate-forme dans un rôle de garde-fou.

Domaine de la robotique mobile

Les applications du contrôle partagé en robotique mobile sont nombreuses : pilotage automobile, contrôle de fauteuil pour personne handicapée, gestion de véhicules aériens, contrôle de sous-marin et coordination multi-robots.

Dans le domaine du pilotage automobile, deux tendances de contrôle ont été identifiées :
– le contrôle partagé et non collaboratif entre des modules autonomes et le conducteur du véhicule ;
– le contrôle partagé avec collaboration entre des modules autonomes et le conducteur du véhicule.

Dans la première catégorie, le conducteur spécifie la destination et les modules autonomes sont entièrement responsables de planifier une route et d'exécuter le plan. Toutefois, le conducteur à la possibilité d'intervenir lors du déroulement de la conduite automatique. Ce concept a été présenté par Lan (Lan et Rui, 2003) dans une étude dont l'objectif principal était de savoir comment le module semi-autonome influençait la perception, les décisions et le contrôle du conducteur. Pour ce faire, une architecture meneur-suiveur a été utilisée : le premier scénario place le conducteur en mode esclave, c'est-à-dire que c'est le module semi-autonome qui, connaissant l'objectif de navigation (la destination), établit la planification de la route et assure son exécution. Le rôle du conducteur humain revient à assister le module de navigation dans les prises décisions. Dans le second scénario, les rôles sont inversés. D'après son analyse, le conducteur humain, lorsqu'il joue le rôle de maître, commet en général 60% d'erreurs de perception, 35% d'erreurs de décision et 5% d'erreurs de contrôle. La présence de module semi-autonome de navigation pourrait alors améliorer les performances dues à la perception du conducteur humain. Par ailleurs, le module semi-autonome, dans le rôle de maître, est inefficace lorsqu'il y a des imprévues qui surgissent pendant l'exécution des opérations de conduite à cause principalement de sa difficulté à prendre de bonnes décisions. Malheureusement pour cette étude, aucune information n'est disponible afin de savoir comment le module semi-autonome a été conçu et intégré au pilotage.

Dans la seconde catégorie, c'est-à-dire le contrôle partagé avec collaboration, plusieurs méthodes ont été proposées. Chacune de ces méthodes vise un aspect bien précis de la conduite automobile : changement de voie (Boo et Jung, 2000) , évitement de collision en avant et en arrière du véhicule(Tricot et al., 2004), alerte quand le conducteur humain est fatigué (Bao et al., 2007). Aucune méthode ne semble s'appliquer à toutes les situations. Dans tous les cas, le conducteur humain reste le pilote du véhicule et les modules d'assistance l'aident à réduire les risques d'accident en signalant toute anomalie relevée.

Le contrôle partagé est aussi utilisé dans les applications de coordination multi-robots. Semsar (Semsar et Khorasani, 2007) a présenté une approche de contrôle optimale basée la théorie des jeux coopératifs pour coordonner plusieurs véhicules non habités. Il a considéré le cas particulier d'un groupe de véhicules autonomes disposés en anneau. Chaque véhicule possède une liaison de communication avec le véhicule qui le précède et aussi avec le véhicule qu'il suit. Dans un premier temps, il a appliqué la théorie du contrôle optimal décentralisé pour trouver une loi de commande pour l'équipe. Et dans un second temps, il a fait usage de la théorie de négociation de Nash afin de déterminer la loi de commande optimale minimisant toutes les fonctions de coût de tous les participants au groupe de véhicules. Cet article a eu le mérite de proposer deux approches de contrôle collaboratif. Cependant, aucune comparaison n'a été fournie afin de pouvoir connaître les avantages et les inconvénients de chaque méthode.

2- Analyse des problèmes de contrôle avec les méthodes de champs potentiels artificiels

À chaque instant n, la force artifielle $F(Q) = -\nabla P(Q)$ induite par $P(Q)$ est considérée comme étant la direction la moins dangereuse.

$$\nabla P(Q) = \begin{bmatrix} \frac{\partial P(Q)}{\partial x} \\ \frac{\partial P(Q)}{\partial y} \end{bmatrix} \tag{1}$$

où

$$P(Q) = P_R(Q) + P_A(Q) \tag{2}$$

et en général :

$$P_A(Q) = \frac{1}{2} K_A \times d(Q, Q_G)^2 \tag{3}$$

$$P_R(Q) = \begin{cases} \sum_{i=0}^{N_D} \frac{1}{2} K_R \left(\frac{1}{d(Q,Q_i)} - \frac{1}{D_0} \right)^2 & , \quad d(Q, Q_i) \leq D_0 \\ 0 & , \quad d(Q, Q_i) > D_0 \end{cases} \tag{4}$$

K_A et K_R sont des coefficients réels. $d(.,.)$ est une fonction de distance et D_0 est la distance minimale à ne pas franchir. Q_i est la pose du danger i et N_D est le nombre de dangers détectés autours de la particule située à Q.

Choix de la configuration cible Q_G

Le principal problème réside dans le choix Q_G. En effet, si $d(Q, Q_G)$ est grand, la force induite par le CPA attractif augmente considérablement, ce qui a pour effet d'accélérer le mouvement de la particule. Pour pallier cet inconvénient, une fonction de CPA conique est utilisée. Un ensemble de règles prédéfinies permettent alors de passer de la fonction parabolique représentée par l'équation 3 (Latombe, 1993; Kobayashi et Nonaka, 2009) à une fonction conique. Cependant, dans la majorité des études dans lesquelles cette approche est utilisée, Q_G est fournie par un module de planification de chemin (Liang *et al.*, 2004; Urdiales *et al.*, 2009, 2007; Fernandez-Carmona *et al.*, 2009). Bien que l'utilisation du module de planification permette d'imposer Q_G de sorte que le mouvement de la plate-forme soit lisse et continu, le problème d'écarts angulaires accentués demeure.

Problème d'écart angulaire accentué entre les signaux du pilote et ceux du

module semi-autonome

Considérons un cas simple dans lequel des dangers de Shm ou de S_m sont coplanaires et que le pilote voudrait mouvoir ladite particule en suivant ce plan (c'est-à-dire en étant proche sans y rentrer en contact). La figure .1 en est une illustration concrète. Les forces $F_R(Q)$, $F_A(Q)$ et $F(Q)$ représentées sur cette figure correspondent respectivement à la résultante des forces répulsives, à la force attractive et à la force résultant indiquant la direction la moins dangereuse.

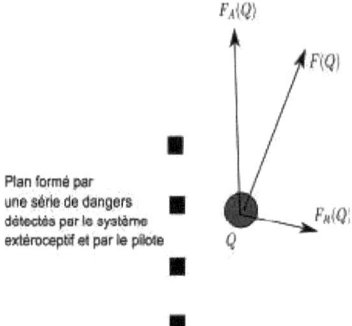

Figure .1 Exemple de déviation causée par l'application des méthodes de CPA

$F_A(Q)$ représente la force associée à la pose désirée par le pilote, tandis que $F_R(Q)$ correspond à la force répulsive résultante. Même si ce planificateur prend en compte le signal du pilote, la particule s'éloignera des dangers sous l'action combinée des deux forces. Étant donné que le signal de contrôle exécuté par la plate-forme est déduit de $F_R(Q)$, l'écart angulaire entre ce signal et celui associé à $F_A(Q)$ est grand. Ce qui empêchera le pilote de mouvoir sa plate-forme le long du plan.

Problème causé par la présence de dangers détectables uniquement par le pilote

Les limitations inhérentes du système extéroceptif font en sorte que des dangers de S_h ne seront pas détectés. Un problème complexe à résoudre peut survenir lorsque la réparation spatiale de dangers fait en sorte que l'application de signal de contrôle issu de la méthode de CPA conduise la particule à rencontrer un danger de S_h. Une illustration d'une situation semblable est présentée sur la figure .2. Sur cette figure, le pilote, ayant perçu le danger représenté par un grand carré et sachant aussi qu'il y a d'autres dangers représentés en noir de l'autre côté (petits carrés), voudrait conduire la particule entre les deux types de dangers. Cependant, la direction la moins dangereuse proposée par la méthode de CPA fait en sorte q'une rencontre avec le danger de S_h est possible.

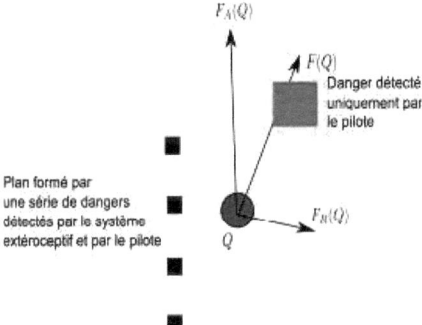

Figure .2 Exemple d'échec de l'application de la méthode de CPA en présence de dangers de S_h

Problème d'impasses

Un solution simple aux deux précédents problèmes consiste à ne prendre en compte que les dangers de C susceptibles d'être rencontrés si le signal du pilote est utilisé à la place du signal du module semi-autonome. Cette solution requiert donc la définition des limites d'une zone cible (zone contenant la direction indiquée dans la commande du pilote).

Pour une plate-forme mobile possédant une géométrie, le rapprochement des limites de la zone cible l'expose à se retrouver dans des impasses semblables à la situation représentée sur la figure .3. En effet, la résultante des forces répulsives tend à s'opposer au mouvement en raison de la réduction de cette zone. Si cette zone est élargie, l'impasse serait évitée, mais le problème concernant la présence de dangers de S_h demeure en entier.

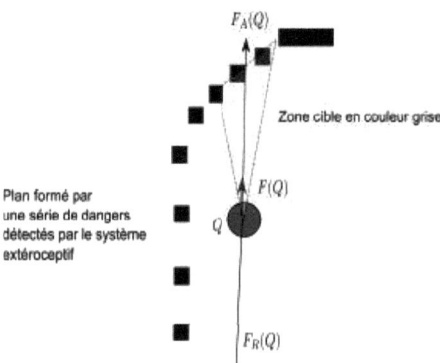

Figure .3 Exemple d'impasse avec la méthode de CPA

3- Modulation de la distance de sécurité minimale

Lorsque nous observons un pilote expérimenté en train d'éviter des dangers pendant une séance de navigation, nous remarquons qu'il ralentit souvent avant de changer de direction. D'un point de vue cinématique et dynamique, l'effet de ce ralentissement est de réduire les forces centrifuges pendant la phase de changement de direction. D'un point de vue de stratégie d'évitement de dangers, la phase de ralentissement peut être considérée comme une phase transitoire permettant au pilote de changer de direction de façon à éviter un contact avec un danger perçu.

Le fait de ne pas ralentir devant un danger serait une indication qu'il appartient à S_m. Étant donné qu'aucun moyen de communication directe ne permet au système extéroceptif de communiquer la présence de ce danger au pilote, nous proposons que la dynamique de la plate-forme soit ralentie. Ce ralentissement a un triple effet sur la collaboration :

– si le danger est normalement perceptible par le pilote, et que par distraction momentanée, il ne l'aperçoit pas, le ralentissement lui permet d'avoir un peu de temps pour réagir adéquatement.

– le ralentissement permettra au module semi-autonome d'initier un changement de direction de façon comparable à la manière de faire d'un pilote expérimenté ;

– le pilote humain ne sera pas surpris quand le module semi-autonome commencera à changer la direction. En effet, les expériences préliminaires que nous avions menées ont révélé qu'une caractéristique essentielle pour une bonne collaboration est la prévisibilité du comportement de toute assistance à la navigation.

Plusieurs méthodes peuvent être utilisées afin d'induire un effet de ralentissement sur le déplacement de la plate-forme : la modulation de la distance de sécurité en fonction du signal de contrôle U_h, l'augmentation des coefficients de facteurs d'échelles pour le calcul de différents $F_i(Q)$ ou la génération de $Q_G(n+1)$ de telle sorte que $d(Q(n), Q(n+1)) < d(Q(n-1), Q(n))$.

Les trois approches ont été essayées et nous avons observé que la méthode de modulation de la distance de sécurité procure au pilote et à la plate-forme une dynamique souple (absence d'accélérations brusques) et prévisible. Nous présentons donc l'approche de modulation de la distance de sécurité minimale.

Le paramètre D_0 de l'expression 5.13 avait été définie comme une constante. Afin de préserver l'aspect prévisibilité du mouvement de la plate-forme, sa valeur devrait être relativement petite. Ainsi, l'effet des dangers détectés par le système extéroceptif ne se fera sentir que si le pilote conduit la plate-forme proche de ces dangers. Par contre la transition brusque qui survient en franchissant le seuil de sécurité introduit une variation important au niveau de la dynamique ($F_R(Q)$ passant de 0 à une valeur non nulle élevée). Par ailleurs, maintenir D_0 constant empêche définitivement la plate-forme d'effectuer des manoeuvres d'approches de dangers. Par exemple, dans le contexte d'un fauteuil roulant motorisé copiloté par un humain et un module semi-autonome, le pilote a souvent besoin de se rapprocher d'un meuble pour effectuer un transfert. La présence de cette distance sécuritaire minimale l'en empêchera.

Une manière simple et intuitive de moduler D_0 consiste à estimer la distance minimale requise pour un arrêt complet de la plate-forme devant un danger situé directement sur sa trajectoire. Cette estimation tient compte :

– de la dynamique de la plate-forme ;
– de la vitesse de déplacement de la plate-forme : une grande vitesse requiert une grande distance d'arrêt en raison de l'importance de l'énergie cinétique de la plate-forme ;
– des conditions de la surface de navigation : une surface glissante peut requérir une plus grande distance d'arrêt.

Connaissant le modèle dynamique de la plate-forme, la distance d'arrêt minimale suite à l'application de U_h est :

$$D'_{min} = K_{Ev}d(Q(n), Q(n+1)) \qquad (5)$$

avec $Q(n+1)$ obtenue en utilisant le modèle dynamique de la plate-forme et K_{Ev} est un coefficient permettant de prendre en considération les facteurs (à l'exclusion de $U_h(n)$) qui influencent la distance d'arrêt. La nouvelle expression de la fonction de CPA directionnel est :

$$P''_R(Q) = \begin{cases} \sum_{i=0}^{N_D} \frac{1}{2}K_R(Q_i)\left(\frac{1}{d(Q,Q_i)} - \frac{1}{D'_{min}}\right)^2 & , \quad d(Q,Q_i) \leq D_0 \\ 0 & , \quad d(Q,Q_i) > D_0 \end{cases} \qquad (6)$$

Un autre avantage de l'approche présentée est la possibilité de laisser la plate-forme s'approcher suffisamment d'un danger. En effet, il suffit pour le pilote, de générer de signaux de contrôle faible en amplitude pour que D'_{min} soit toujours petit. Par ailleurs, en raison du potentiel directionnel, les dangers qui sont sur le côté de cette plate-forme ont peu d'influence sur le mouvement. L'approche de ralentissement bénéficie aussi de la réduction des oscillations qui auraient pu apparaître avec la méthode classique de CPA.

La phase de ralentissement du mouvement de la plate-forme en présence de dangers n'est pas suffisante pour une collaboration active. Effet, la méthode classique de CPA souffre du problème de minimum local, lequel problème est aggravé lorsque le potentiel directionnel est utilisé. Le potentiel directionnel fait en sorte que la force résultante $F(Q)$ ne permet pas à la plate forme de se dégager facilement des situations d'impasses. Dans la prochaine section, nous présentons une nouvelle approche inspirée de la manière qu'un pilote expérimenté conduit sécuritairement une plate-forme.

4- Détails de calculs de l'entropie comportementale

La figure .1 illustre trois courbes différentes de Γ ayant chacune quatre transitions.

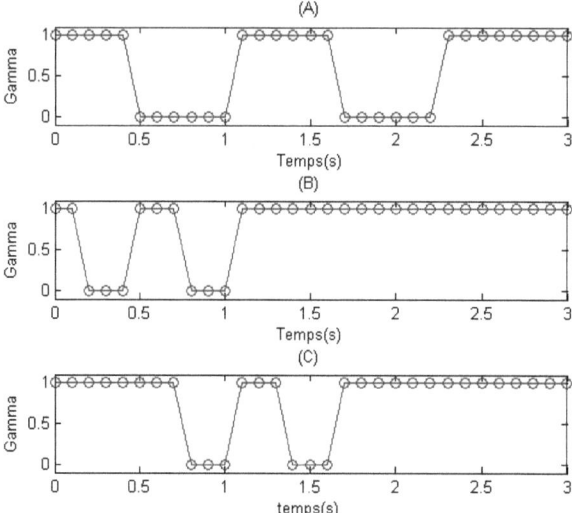

Figure .1 Trois représentations différentes de Γ avec le même nombre de transitions

.

Afin de calculer l'entropie (Wiener, 1989) comportementale associée à chacune de ces courbes, nous présentons le digramme de la figure .2

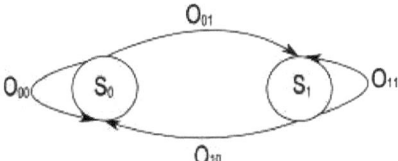

Figure .2 Diagramme de transitions

.

Les symboles $O_{00}, O_{01}, O_{10}, O_{11}$ équivalent respectivement aux lettres a, b, c et d

– la lettre a représente le cas où $\Gamma(n) = 0$ et $\Gamma(n + 1) = 0$;
– la lettre b représente le cas où $\Gamma(n) = 0$ et $\Gamma(n + 1) = 1$;
– la lettre c représente le cas où $\Gamma(n) = 1$ et $\Gamma(n + 1) = 0$;
– la lettre d représente le cas où $\Gamma(n) = 1$ et $\Gamma(n + 1) = 1$:

Chaque courbe est asscociée à une message. Ainsi les messages associés aux graphiques (A), (B) et (C) sont repectivement

ddddcaaaaabdddddcaaaaabddddddd,

dcaabddcaabddddddddddddddddddd et

dddddddcaabddcaabddddddddddddd.

Le message de la courbe (A) compte 10 lettres a, 2 lettres b, 2 lettres c et 16 lettres d. Le nombre total de lettres étant 30, nous obtenons les valeurs des différentes probabilités d'apparition Pr :

$Pr(a) \approx 10/30$, $Pr(b) \approx 2/30$, $Pr(c) \approx 2/30$ et $Pr(d) \approx 16/30$.

L'entropie correspondant au message de la courbe (A) est :

$$H = - \sum_{i \in \{a,b,c,d\}}^{4} Pr(i) ln(Pr(i)) \tag{7}$$

$$H = -10/30 \times ln(10/30) - 2/30 \times ln(2/30) - 2/30 \times ln(2/30) - 16/30 \times ln(16/30) \tag{8}$$

$$H_\Gamma = 1.0625/ln(4) \tag{9}$$

5- Architecture robotique pour la navigation collaborative

Introduction

L'architecture de subsomption et celle à trois couches sont bien connues dans le domaine de la robotique mobile. L'architecture de subsomption est associée à la construction de plates-formes robotiques réactives et comportementales. Étant donné que les couches supérieures de cette architecture ont tendance à inhiber celle qui sont situées plus bas, il devient difficile de les construire indépendamment des uns et des autres. De son côté, l'architecture à trois couches possède une couche délibérative pour les processus demandant beaucoup de ressource de calcul, un séquenceur (deuxième couche) pour tout ce qui concerne la planification réactive des tâches et d'une couche d'exécution pour le contrôle de bas niveau des actionneurs. En raison de son concept modulaire, nous avons sélectionné l'architecture à trois couches pour servir de base pour l'élaboration de notre architecture collaborative pour la navigation. Ainsi, la nouvelle architecture que nous proposons comporte une couche de délibération collaborative, une couche de séquençage collaborative et une couche d'exécution. Cette architecture collaborative présente les avantages suivants :

– elle offre un haut niveau de découplage entre les couches : chaque couche (délibérative, de séquençage ou d'exécution) peut être conçus en se concentrant seulement sur le rôle de ladite couche dans l'architecture. Par exemple, la conception de la couche d'exécution s'occupe du design des lois de rétroaction qui permettront à la plate-forme robotique d'atteindre une configuration spécifiée par la couche de séquençage.
– elle présente également une flexibilité d'adaptation : comme la conception de chaque couche est découplée avec les autres couches, le signal de contrôle de l'agent humain peut être intégré dans les couches délibérative et de séquençage sans la redéfinition de la couche d'exécution.

La figure .1 montre une architecture complète de collaboration basée sur le concept d'architecture à trois couches. La conception de chacune des ces couches est expliqué dans les sections suivantes.

Couche de collaboration délibérative

La couche délibérative est la couche supérieure de l'architecture proposée. Elle comporte le noyau du module autonome de navigation et le module de médiation.

Module semi-autonome de navigation

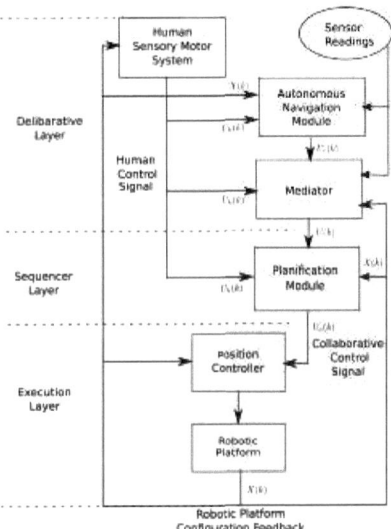

Figure .1 Architecture de collaboration pour la navigation

Le rôle du module semi-autonome de navigation dans l'architecture est de proposer des signaux de commandes permettant d'éviter les collisions avec les obstacles appartenant à S_m
ou S_{hm}. Cependant, ces signaux doivent tenir compte de la manoeuvre en cours d'exécution
par l'agent humain afin d'éviter des contradictions dans les directions de déplacement.
Ainsi, lorsque l'agent humain tentera d'éviter un obstacle sur la droite, le module de navigation semi-autonome devrait proposer une trajectoire de contournement vers la droite, si
la voie est dégagée. Les techniques évoluées pour l'estimation de manoeuvres sont proches
de celles destinées à l'estimation d'une intention humaine. Une fois la manoeuvre estimée,
l'utilisation d'un algorithme tel que celui du VFH (Latombe, 1993) permet de proposer
$U_c(k)$ de façon à éviter un obstacle détectable. Si aucun obstacle détectable n'est présent,
le module semi-autonome propose $U_c(k)$ semblable à $U_h(k)$.

Nous présentons ci-dessous une manière pratique de générer $U_c(k)$. Sur la figure .2, à chaque

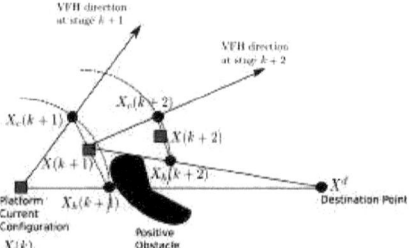

Figure .2 Génération de trajectoires

instant k, le système de contrôle de la plate-forme reçoit les signaux de chaque agent. Si
le signal de contrôle de l'agent humain est appliqué seul alors la prochaine configuration
à l'instant $k + 1$ de la plate-forme sera $X_h(k + 1)$. Parcontre, si le signal de contrôle du
module semi-autonome est appliqué seul alors la prochaine configuration sera $X_c(k + 1)$.
En appliquant les deux signaux, la prochaine configure $X(k + 1)$ sera entre $X_h(k + 1)$ et
$X_c(k + 1)$. Cette configuration sera proche de $X_c(k + 1)$ si $\alpha(k)$ est proche de 1.

Supposons que $X^d = [x^d \ y^d \ \theta^d]'$ est la configuration de destination de la plate-forme et
$X(k) = [x(k) \ y(k) \ \theta(k)]'$ est la configuration actuelle de la plate-forme, comme indiqué
sur la figure .2. Sur la base de la connaissance de $X(k)$, X^d et des mesures des capteurs
de proximité prises autour de la plate-forme, la méthode de VFH est utilisée pour trouver
l'orientation de faible densité d'occupation des obstacles (Latombe, 1993). Cette direction

est appelée la direction VFH. L'orientation $\theta_c(k+1)$ est donnée par cette direction. Afin de trouver le point $(x_c(k+1), y_c(k+1))$ sur cette direction, nous proposons une méthode qui permet à l'agent humain de déplacer et arrêter la plate-forme à volonté.

Au cours de l'étape k, l'agent humain produit un signal $U_h(k)$.

Si $U_h(k)$ est appliqué sans la contribution du signal de contrôle du module semi-autonome de navigation, la configuration de la plate-forme sera $X_h(k+1) = [x_h(k+1) \; y_h(k+1) \; \theta_h(k+1)]'$. Le point $(x_c(k), y_c(k))$ est sélectionné sur la ligne de direction VFH afin que la distance euclidienne entre $(x(k), y(k))$ et $(x_h(k+1), y_h(k+1))$ soit la même que celle entre $(x(k), y(k))$ et $(x_c(k+1), y_c(k+1))$.

Module de médiation

Connaissant $\alpha(k)$, $U_h(k)$ et $U_c(k)$, le signal de collaboration $U(k)$ est calculé en utilisant l'équation 10. Toutefois, la modalité d'entrée utilisé par l'agent humain peut être soumis à des variations telles que le tremblement des mains. Ces variations peuvent détériorer la dynamique de navigation de la plate-forme. C'est pourquoi dans la prochaine section, nous proposons une méthode qui permet de réduire l'effet de ces variations sur le signal de contrôle collaboratif.

Couche de séquençage collaborative

Considérons le diagramme de signaux de contrôle de la figure .3

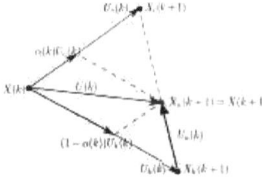

Figure .3 Diagramme de contrôle.

Étant donné $\alpha(k)$, il y a deux manière de trouver le signal de collaboration $U(k)$: .3 :

$$U(k) = \alpha(k)U_c(k) + (1 - \alpha(k))U_h(k) \tag{10}$$

où

$$U(k) = U_a(k) + U_h(k) \tag{11}$$

Selon l'équation 10 et sachant que $U_c(k)$ est indépendant de $U_h(k)$, nous avons :

$$\frac{\partial U(k)}{\partial U_h(k)} = (1 - \alpha(k))I \qquad (12)$$

où I est une matrice identité de (3×3). Par ailleurs, selon l'équation 11 :

$$\frac{\partial U(k)}{\partial U_h(k)} = \frac{\partial U_a(k)}{\partial U_h(k)} + I \qquad (13)$$

Si $U_a(k)$ est choisi de manière que

$$\frac{\partial U_a(k)}{\partial U_h(k)} < -\alpha(k)I \qquad (14)$$

alors la seconde méthode de calcul de $U(k)$ est plus efficace que la première méthode représentée par l'équation 10.

Nous proposons une méthode basée sur le contrôle optimal afin de déterminer $U_a(k)$.

En considérant que la couche d'exécution dispose de suffisamment de temps afin de changer la configuration de la plate-forme de $X(k)$ à $X(k+1)$, alors la dynamique du système formé par cette couche et les actionneurs de la plate-forme peut être approximée par l'équation suivante :

$$X(k + 1) = X(k) + U(k) \qquad (15)$$

où $U(k)$ est rerésenté par l'équation 11.

Certaines applications telles que le contrôle assisté de fauteuil roulant motorisé, il est souhaitable de limité le signal de contrôle $U_a(k)$ afin de préserver un mouvement fluide de la plate-forme. Par ailleurs, afin de permettre à la plate-forme de suivre $X_a(k)$, l'écart entre $X_a(k)$ et $X(k)$ doit être minimal. La fonctionnelle représentée par l'équation 16 prend en compte les contraintes précédemment mentionnées.

$$J_a[U_a(k)] = \frac{1}{2} \sum_{k=0}^{M-1} C_a(k) + \frac{1}{2} C_a(M) \qquad (16)$$

où :

$$\begin{aligned} C_a(k) = \ & [X(k) - X_a(k+1)]^T Q_a(k)[X(k) - X_a(k+1)] \\ & + U_a^T(k) R_a(k) U_a(k) \end{aligned} \qquad (17)$$

$$C_a(M) = [X(M) - X_a(M+1)]^T Q_a(M)[X(M) - X_a(M+1)] \qquad (18)$$

$Q_a(k)$ est une matrice de (3×3) symmetrique and définie positive qui pénalise les écarts entre la configuration de la plate-forme et la configuration $X_a(k)$;

$R_a(k)$ est une matrice de (3×3) symmetrique and définie positive qui pénalise les grandes amplitudes du signal de contrôle.

La séquence optimale $\{U_a^*(k), k = 0, ..., M - 1\}$ est la séquence $\{U_a(k), k = 0, ..., M - 1\}$ qui minimise la fonctionnelle16 sous la contrainte représentée par l'équation 15.

Résolution du problème de contrôle optimal

Nous considérons que :

1. toutes les configurations de la plate-forme sont complètement observables et la configuration initiale $X(0)$ est connue.

2. la séquence des signaux de contrôle du pilote $U_h(k), k = 0, ..., M - 1$ est connue. En pratique, si l'horizon de planification est court, nous pouvons considérer ce signal varie peu et donc peut être représenté par une fonction constante.

3. la séquence $X_a(k + 1), k = 0, ..., M$ proposée par le module de médiation présenté dans l'architecture collaborative est réalisable.

L'Hamiltonien du système est représentée par l'équation suivante :

$$
\begin{aligned}
H_a(k) &= \frac{1}{2} C_a(k) + \lambda_a^T(k + 1) \\
&\times [X(k) + U_a(k) + U_h(k)]
\end{aligned}
\tag{19}
$$

En utilisant le principe du minimum, nous obtenons :

$$
\lambda_a(k) = \frac{\partial H_a(k)}{\partial X(k)}
\tag{20}
$$

et

$$
\frac{\partial H_a(k)}{\partial U_a(k)} = 0
\tag{21}
$$

avec comme condition frontière :

$$
\lambda_a(M) = Q_a(M) [X(M) - X_a(M + 1)]
\tag{22}
$$

En appliquant la théorie de contrôle optimal, les résultats suivants sont obtenus :

$$
U_a^*(k) = F_a(k)X(k) + F_h(k)U_h(k) + F_v(k)V(k + 1)
\tag{23}
$$

où :

$$F_a(k) = -R_a^{-1}(k)S(k+1)F(k) \qquad (24)$$

$$F(k) = [I + R_a^{-1}(k)S(k+1)] \qquad (25)$$

$$F_h(k) = -R_a^{-1}(k)S(k+1)F(k) \qquad (26)$$

$$F_v(k) = R_a^{-1}(k)[I - S(k+1)F(k)R_a^{-1}(k)] \qquad (27)$$

$$S(k) = S(k+1)F(k) + Q_a(k) \qquad (28)$$

$$\begin{aligned}
V(k) &= Q_a(k)X_a(k+1) + V(k+1) \\
&\quad + S(k+1)F(k)R_a^{-1}(k)V(k+1) \\
&\quad - S(k+1)F(k)U_h(k) \qquad (29)
\end{aligned}$$

Selon l'équation 11, le signal de contrôl collaboratif est :the collaborative control signal is given by :

$$U(k) = U_a^*(k) + U_h(k)$$

In order to reduce variation on $U_h(k)$, the values of $R_a(k)$ and $Q_a(k)$ are selected so that the following condition holds :

$$\frac{\partial U_a^*(k)}{\partial U_h(k)} < -\alpha(k)I \qquad (30)$$

Couche d'exécution

La couche d'exécution utilise les données sensoriels et la configure à atteindre $X(k+1)$ afin de produire les signaux de commandes des actionneurs. Elle fonnctionne généralement comme un module d'asservissement dont la consigne d'entrée est $U(k)$. Ce type d'asservissement est souvent construit comme un suiveur de trajectoire. Comme les dynamiques des plates-formes généralement rencontrées sont non linéaires, les méthodes de design de contrôleurs non linéaires sont requises. Pluseurs contrôleurs typiques ont été rapporté dans la littérature (Astolfi, 1999),(Y. Kanayama et Noguchi, 1990), (S. Belkhous et Nerguizian, 2005), etc.